华中师范大学出版基金丛书
高校教材系列

U0155331

遥感概论实验教程

张海林　主编

C B J J

出版社　华中师范大学

新出图证(鄂)字 10 号

图书在版编目(CIP)数据

遥感概论实验教程/张海林主编. —武汉:华中师范大学出版社,2022.11
(2024.1 重印)
ISBN 978-7-5622-9845-8

Ⅰ.①遥… Ⅱ.①张… Ⅲ.①遥感技术-实验-教材 Ⅳ.①TP701-33

中国版本图书馆 CIP 数据核字(2022)第 120496 号

遥感概论实验教程
YAOGAN GAILUN SHIYAN JIAOCHENG
© 张海林 主编

编 辑 室:高教分社	电 话:027-67867364
责任编辑:袁正科	责任校对:王 胜 封面设计:罗明波
出版发行:华中师范大学出版社	社 址:湖北省武汉市珞喻路 152 号
邮 编:430079	销售电话:027-67861549
网 址:http://press.ccnu.edu.cn	电子信箱:press@mail.ccnu.edu.cn
印 刷:武汉邮科印务有限公司	督 印:刘 敏
开 本:710mm×1000 mm 1/16	印 张:9 字 数:120 千字
版 次:2022 年 11 月第 1 版	印 次:2024 年 1 月第 2 次印刷
定 价:38.00 元	

前　　言

　　遥感是地球乃至宇宙空间资源与环境探测的重要技术手段，它能迅速有效地提供地表自然过程和现象的宏观信息，有助于揭示其动态变化规律并预测其发展趋势。进入 21 世纪以来，遥感技术发展非常迅速，应用领域非常广阔。遥感概论作为高校地理科学类专业主干课程，被地质、农学、测绘与制图、海洋、水文等各类专业学生广泛学习。

　　遥感概论还是地理科学专业及相关专业的一门主要工具课，是地理研究，特别是地理信息系统应用的基础。该课程的主要教学任务是使学生掌握遥感的基础知识、基本原理和方法。学生也需要在课程学习的基础上，掌握一些新的航天器和新的传感器知识，以及它们在科学研究、国民经济发展等领域中的应用。该课程注重新方法的学习，力求使学生掌握初步的遥感数字图像处理方法。因此，我们结合师范类高校地理科学类专业培养的要求以及该课程的实验要求编写了本书。

　　本书共设置了 10 个实验。实验一主要介绍 Google Earth 的基本操作，使学生熟悉多分辨率遥感影像；实验二主要介绍遥感影像查询下载，要求学生能通过网络独立下载指定区域的遥感影像；实验三主要介绍 Agisoft PhotoScan 基本操作；实验四主要介绍常用遥感影像处理软件 ENVI 及其基本操作；实验五至实验十主要介绍如何借助 ENVI 软件，进行遥感数字图像的几何校正、增强、裁剪、彩色变换、计算机解译及目视解译等。本书的编写参考了相关专业的实验教材及学术论文，在此向这些作品的作者表示衷心感谢。

　　本书的出版得到了华中师范大学出版基金的资助。研究生周黎参与了本书初稿的整理与校对工作，出版社编辑在出版过程中也花费了大量精力，在此对他们一并表示感谢！由于编写时间仓促，加之编者水平有限，书中难免存在一些不足之处，敬请广大读者批评指正。

编　者
2022 年 8 月

目　录

实验一　Google Earth 基本操作

实验学时:2 学时

实验类型:综合

实验要求:必修

一、实验目的

了解数字地球基本概念以及遥感在数字地球中的作用;认识多分辨率遥感影像图;掌握 Google Earth 的基本功能;增强学生对遥感的感性认识,提高学生学习本门课程的兴趣。

二、实验内容

操作 Google Earth 的基本功能:

1. 结合卫星图片与专题地图以及强大的 Google 搜索技术,浏览全球地理信息;

2. 从太空漫游到邻居一瞥;

3. 目的地输入,直接放大;

4. 搜索学校、公园、餐馆、酒店;

5. 获取驾车指南;

6. 提供 3D 地形和建筑物,其浏览视角支持倾斜或旋转;

7. 保存和共享搜索和收藏夹;

8. 添加自己的注释。

三、实验要求

要求每人动手操作 Google Earth 软件,搜索感兴趣的地方,做好思考题。

四、实验条件

1.硬件环境:GIS 实验室,每人 1 台电脑,宽带网连通;

2.软件环境:Google Earth 5.0 中文版。

五、实验步骤

1.进入 Google Earth

点击桌面的 Google Earth 图标,即可进入 Google Earth。首先看到的应是一旋转的由远到近的地球。

2.Google Earth 软件界面及操作技巧

Google Earth 主界面如图 1.1。

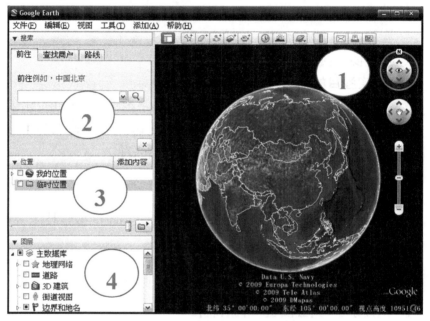

图 1.1　Google Earth 主界面

各功能区域解释如下:

①卫星图浏览区:右上角为新版导航控制栏。

②搜索定位区"搜索":用户可以在这里输入地理名称、坐标来快速定位。

③地点信息区"我的位置":通常所说的地标文件就保存在这里。

④图层信息区"图层":现在内容变得非常丰富,地形、三维建筑物、国家地理杂志等精彩内容均包含于其中。

视图、放大、缩小、漫游、旋转等控制功能都集中在卫星图的右上角区域。

①指南针:点击内圈箭头(上下左右四个方向)可以整体移动

卫星图;拖动围绕指南针的圆圈来旋转图片方位,点击"N"按钮,恢复上北下南的地图方位。

②缩放工具:点击"+""-"按钮或拖动滑块缩放图片大小。

③视图调节工具:改变卫星图视图倾斜角度,配合"图层"——"地形"功能,可以看到三维效果。

鼠标操作技巧:

左键:按住左键不放,可任意移动地球图片。

右键:按住右键不放,通过上下移动鼠标,可缩放卫星图。

滚轮:Shift+滚轮上下滚动,可改变视图倾斜角度;Ctrl+滚轮上下滚动,可旋转方位;滚轮上下滚动,可缩放大小。

3.快速定位及地标应用

Google Earth 界面左上为搜索区"搜索",我们使用其中的"前往"功能即可快速定位。直接在输入框里键入数据,回车后,地球会自动旋转并定位到目标地点。键入的数据可以是地名,也可以是经纬度坐标,以湖北武汉的快速定位来进行示范,在"前往"中键入下面这些内容都是可行的,如图1.2。

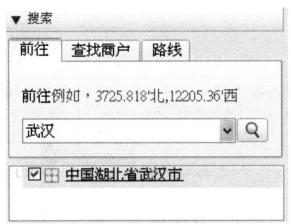

图1.2　快速定位

武汉(Google Earth4.0 支持中文地名,一般键入县级以上地名均可定位)

Wuhan,China(寻找国外城市的标准输入方法:地名,国家名)

30°37′ N,114°20′ E（标准经纬度坐标,如:北纬30度37分,东经114度20分）

30.37,114.20（十进制经纬度坐标,南纬西经为负数,Google Maps即使用此种坐标格式）

此外,如果搜索美国、英国、加拿大地点还可以试试下面两种方法:

1600 Pennsylvania Ave Washington DC（具体街道名称）

90210（使用邮编来定位）

找到准确地点后,接下来我们用"新建地标"的方法将该地点坐标信息保存下来。地点信息区"位置"是我们保存地标的主要位置,"我的位置"中保存自己的地标数据,如图1.3。而"临时位置"用于存放临时地标文件,例如打开的外部KMZ、KML文件都是在这里显示的。

图1.3 我的位置

地点信息区"位置"采取了资源管理器的模式,可以新建分类文件夹对地标文件进行管理,如图1.4。

图1.4 添加地点信息

添加地标的方式比较简单,直接选中工具栏上的"添加地标"按钮,如图 1.5,系统会自动转入新建地标对话框,如图 1.6。

图 1.5　添加地标

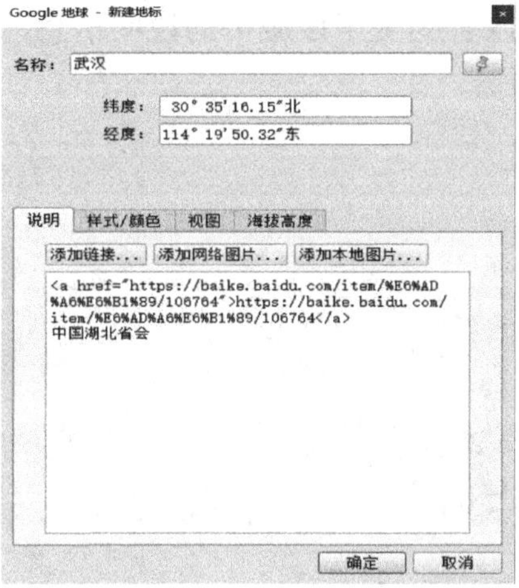

（a）

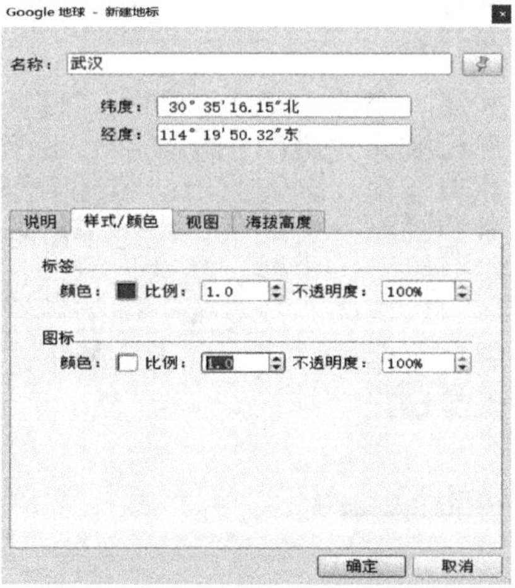

（b）

图 1.6　新建地标对话框

在"名称"中键入地标名称,在"说明"中键入说明信息,且"说明"中支持 HTML 语法,懂得网页制作的学生可以利用这个语法让说明变得图文并茂。点击"样式/颜色"选项卡,可以调节地标文字、图标的颜色、大小,设置完毕后点击"确定"结束。

本例中,地标保存好后,卫星图上就出现一个"武汉市"的标记了,就算你面对整个中国的大地图,也能很容易地找到武汉了。单击该坐标还可以看到关于该城市的说明信息,如图1.7。

图 1.7 武汉市卫星地图的说明信息

4.图层信息区探索

Google Earth 5.0中图层信息区"图层"的功能得到了大大加强,老版本主窗口中的"地形""三维建筑物""道路""边界"等选项统统集成进这里了,如图1.8。下面就图层信息区(图层)中两个有意思的功能做说明。

图 1.8　图层信息区探索

(1)地形

Google Earth 中集成了地形信息,所以浏览许多著名的山脉、山峰、人文建筑时,你不妨试试勾选"地形"功能,然后用导航控制栏中的视角调节工具进行调节。开启"地形"前后效果对比,可参考图1.9和图1.10。

图 1.9　正常浏览模式

图 1.10　开启地形后的立体感

（2）三维（3D）建筑物

目前这是 Google Earth 对美国境内设置的独有功能,基本上美国的大城市都有数据,勾选"3D 建筑"后,可以看到地图上许多建筑物表面被白色内容所填充,如图 1.11。

图 1.11　三维建筑物

接下来,我们继续使用导航控制栏中视角调节工具,转换视角后你会发现,这些白色的填充原来就是建筑物的三维模型,如图 1.12。

图 1.12　建筑物的三维模型

5. 历史图像显示浏览

点击工具栏"显示历史图像"图标,时间滑块就会显示在图像显示区的左上角,使用时间滑块可浏览任意地区多时相遥感影像,与同一地区的不同时期的地表状况进行对比。如图 1.13,可以选择某一成像时间(1985—2022 年)获得的遥感影像图,浏览地表变化状况。

图 1.13　历史图像浏览

六、思考题

1.Google Earth 中由远到近逐渐清晰的视觉效果是怎样实现的?

2.Google Earth 中的地点搜索利用了 GIS 哪些功能?

七、实验报告

1.记录操作 Google Earth 的主要过程;

2.展望 Google Earth 的应用前景。

八、说明

1.遵守 GIS 实验室管理制度,下课要关电脑,座椅位置还原;

2.不要利用实验室网络浏览无关的网站,严禁打游戏。

实验二　遥感影像查询下载

实验学时:2 学时

实验类型:综合

实验要求:必修

一、实验目的

学会独立地从网上下载指定区域的遥感影像。

二、实验内容

1.熟悉根据行政区矢量图进行遥感影像分幅查询的方法;

2.掌握 Landsat 陆地卫星影像查询、下载的方法。

三、实验要求

能够独立地获取正确的遥感影像,做好思考题。

四、实验条件

GIS 实验室,每人 1 台电脑,宽带网连通。

五、实验步骤

(一)国内提供遥感数据下载的常用官网

1.地理空间数据云

打开"地理空间数据云"网站。网址:http://www.gscloud.cn, 如图 2.1。先注册账号,需登录后才可下载。

图 2.1　"地理空间数据云"网站

地理空间数据云平台启建于 2010 年,由中国科学院计算机网络信息中心建设并负责运行维护。它是地理学数据服务的综合网站,用于实现数据的集中式公开服务、在线计算。

点击"高级检索"进入检索界面,然后选择数据集,如图 2.2。

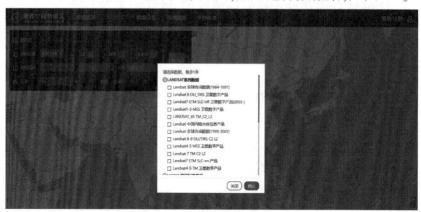

图 2.2　检索界面

数据集中包含不同遥感平台数据,不同遥感平台数据的波段、分辨率等是不相同的。详细信息可在"数据资源"中查询,如图 2.3。

图 2.3 平台数据及详细信息

在高级检索中,可以通过"空间位置"中的"行政区""经纬度""行列号""地图选择"搜索和下载数据,如图 2.4。

图 2.4 地理空间数据云高级检索

检索界面提供二次筛选功能选择所需数据,如图 2.5。

数据标识:		
条带号:		
至		
行编号:		
至		
中心经度:		
至		
中心纬度:		
至		
日期:		
至		
月份:	请选择 ▾	至 请选择 ▾
云量低于:		%
数据:	◉有	◯无

关闭　确定

图 2.5　二次筛选功能

点击下载按钮,完成遥感影像的下载,下载后的文件如图 2.6。下载文件中包含 12 个数据文件,其中 B1—B7(后缀为 TIF)数据文件为遥感影像第 1—7 波段数据;MTL(后缀为 txt)为遥感影像元数据(头文件);GCP(后缀为 txt)为控制点文件。

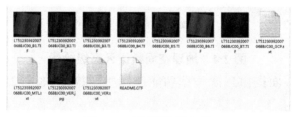

图 2.6　影像下载文件

2.中国科学院遥感与数字地球研究所

中国科学院遥感与数字地球研究所网址:http://www.radi.ac.cn/index_65411.html,如图 2.7。

图 2.7　中国科学院遥感与数字地球研究所

点击"数据服务"后,进入专门提供遥感数据的网站界面,此界面主要包括以下几个网站:

(1)数据查询(Search Data)

该网站(eds.ceode.ac.cn)提供中国遥感卫星地面站自 1986 年起至今获取的全部卫星遥感存档数据目录信息的查询,以及全部在线产品数据(共享、商业)的查询。卫星数据包括法国 SPOT 卫星系列(SPOT-1/2/ 4/5/6)、美国陆地卫星系列(LANDSAT-5/7/8)、印度 IRS-P6、欧洲太空局 ENVISAT-1 和 ERS-1/2、加拿大雷达卫星系列(RADARSAT-1/2)、泰国 THEOS-1 卫星。查询后可进一步免费下载(共享数据)和订购下载(商业数据)。

(2)卫星介绍、产品价格及在线订购(Order Data)

该网站(rs.ceode.ac.cn)提供中国遥感卫星地面站全部历史存档数据资料的查询、在线订购、订单查询、数据下载等数据订购服务功能。并介绍了卫星数据价格、卫星参数等综合信息。卫星数据种类如前述介绍,用户可以足不出户地完成卫星遥感产品的在线订购和在线获取。

(3)数据共享(Open Spatial Data Sharing System)

该网站(ids.ceode.ac.cn)是该单位"对地观测数据共享计划"

的对外门户,提供多种标准景卫星遥感数据产品免费下载服务。目前包括 LANDSAT-5、LANDSAT-7、IRS-P6、ERS-1/2、ENVISAT-1、LANDSAT-8 等卫星数据产品。

(4)中国行政区划遥感数据(Remote Sensing Data for China Administrative Division)

该网站提供美国陆地卫星(LANDSAT)系列中国行政区划(全国、省、市三级)多个时相的镶嵌影像产品,用户可以按需免费下载。

(5)卫星数据代理产品(Foreign Satellite Image Data Distribution)

该网站代理分发 ALOS,ALOS-2 卫星、ASTER 卫星、TerraSAR 卫星以及天宫一号应用数据。如需进行数据查询,请点击相应的网址链接,进入相应的数据查询网站。查询后如需订购数据,请联系该网站用户服务部。

(二)国外提供遥感数据下载常用官网

1.USGS(美国地质调查局官网)

打开"USGS"网站,如图 2.8。"美国地质调查局(United States Geological Survey,简称 USGS)"是一个美国政府内政部的下属机构,主要研究美国的地形,自然资源和自然灾害及应对自然灾害的方法。

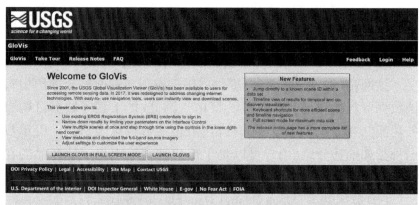

图 2.8　USGS(美国地质调查局官网)

点击左上角"GloVis",进入数据检索界面,如图2.9。

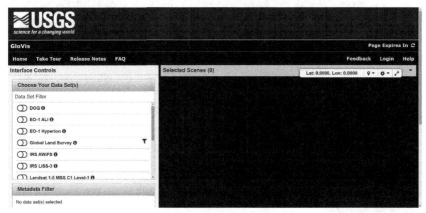

图2.9 数据检索界面

右上角工具栏可以确定需要查询的数据范围,包括"Current Location"(当前位置)、"Lat/Lng"(经纬度)、"Scene ID"(场景)、"WRS Path/Row"(WRS 参考系条带号),如图2.10。

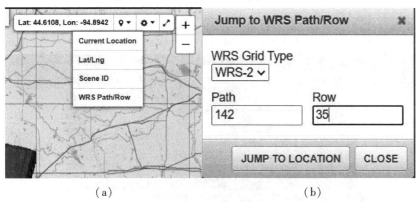

(a)   (b)

图2.10 参考系条带号查询

左侧工具栏可以通过数据类型、时间等条件筛选数据,点击"APPLY"后,显示筛选结果,如图2.11。

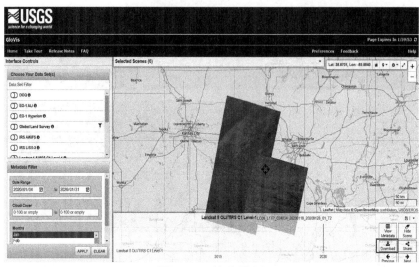

图 2.11　筛选结果

点击"Download"，下载所需遥感数据，如若数据量较大，可选择利用下载工具批量下载。

2. LAADS DAAC

打开"LAADS DAAC"网站，如图 2.12。

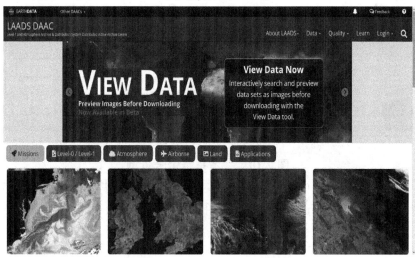

图 2.12　LAADS DAAC 界面

网站汇总比较，如表 2.1：

表 2.1 网站汇总比较

名称	说明
地理空间数据云	国内常用的影像下载网站,需要用户注册后才能够免费下载 Landsat/Modis/DEM 等系列数据。
中国科学院遥感与数字地球研究所	遥感地球所的战略定位为研究遥感信息机理、对地观测与空间地球信息前沿理论,建设运行国家航天航空对地观测重大科技基础设施与天空地一体化技术体系,构建数字地球科学平台,形成全球环境与资源空间信息保障能力。
USGS	提供最新、最全面的全球卫星影像,包括 Landsat/Modis 等,被称为是最好的影像数据下载网站。
LAADS DAAC	美国航空航天宇航局的戈达德航天中心用来存放数据的一个网站接口,存放的数据有 Modis、大气和陆地数据、可见红外产品。该网站提供丰富的 Modis 等遥感产品、服务和工具。

其他网址:

地理监测云平台:http://www.dsac.cn;

资源环境科学与数据中心:https://www.resdc.cn;

中国遥感数据网:http://rs.ceode.ac.cn;

NOAA:https://www.noaa.gov。

六、思考题

选择任意一个网站,下载一幅遥感影像。

七、实验报告

1.详细记录实验主要过程;

2.独立地从地理空间数据云中下载任意区域和时间的遥感影像。

八、说明

1.遵守 GIS 实验室管理制度,下课要关电脑,座椅位置还原;

2.不要利用实验室网络浏览无关的网站,严禁打游戏。

实验三　Agisoft PhotoScan 基本操作

实验学时:2 学时

实验类型:综合

实验要求:必修

一、实验目的

了解遥感技术手段在数字地球中的作用;把握无人机航拍技术基本原理;掌握 Agisoft PhotoScan 的基本无人机航拍图像拼接方法;增强学生对遥感的感性认识,提高学生学习本门课程的兴趣。

二、实验内容

操作 Agisoft PhotoScan 的基本功能:

1. 软件安装;

2. 航片选取;

3. 新建项目;

4. 照片导入与对齐;

5. 照片拼接处理;

6. 拼接成果输出;

7. 航摄区三维量测;

8. 专题图生成;

9. 拼接成果展示。

三、实验要求

本实验要求每人动手操作 Agisoft PhotoScan 软件,拼接一幅无人机航拍图,并做好思考题。

四、实验条件

1.硬件环境:GIS 实验室,每人 1 台电脑,宽带网连通;

2.软件环境:Agisoft PhotoScan 中文版。

五、实验步骤

1.软件安装

在官网下载软件,安装。完成以后,可在"工具"—"偏好设置"目录下,设置语言为中文。

2.航片选取

根据《低空数字航空摄影规范》对于飞行质量和影像质量的要求,"像片重叠度应满足以下要求:(1)航向重叠度一般应为60%~80%,最小不应小于53%;(2)旁向重叠度一般应为15%~60%,最小不应小于8%"。实际航线规划时,飞行人员应尽可能设置较高像片重叠率,减少作业成本,避免出现航摄漏洞,重复飞行。

无人机航摄完毕后,筛选航片,剔除起飞和降落阶段航拍影像,仅保留无人机航线飞行阶段拍摄的照片。

3.新建项目

打开 PhotoScan 软件,在左侧工作区点击"添加模块"按钮,添加模块后,软件自动创建新项目,准备导入航片,界面如图 3.1。

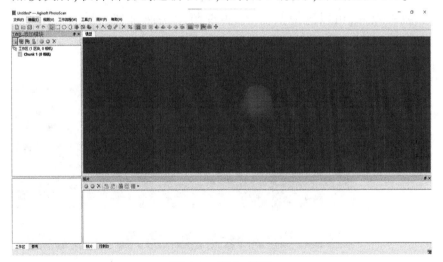

图 3.1　添加模块

4.照片导入与对齐

在软件工具栏,点击"工作流程"—"添加照片",选择要拼接的照片,然后照片就被添加进来,如图 3.2。

图 3.2　照片导入

接着点击"工作流程"—"对齐照片",软件会根据航片坐标、高程信息,相似度自动排列照片。

对齐照片时,软件会弹窗要求选择精度,如果用于现场快速展示航片效果,可以选择低精度,实现照片快速排列。最后点击"确定",自动对齐照片,如图 3.3。

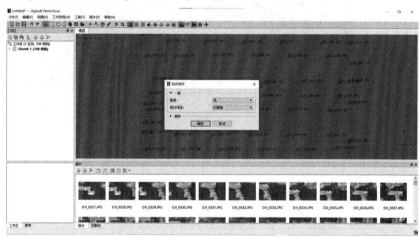

图 3.3　对齐照片

5.照片拼接处理

(1)生成密集点云

点击"工作流程"—"建立密集点云",同样根据需求选择质量,最后点击"确定",如图3.4。

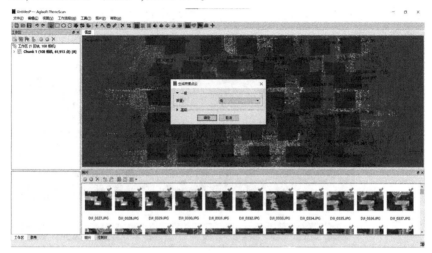

图 3.4　建立密集点云

（2）生成网格

点击"工作流程"—"生成网格",表面模型选择"任意",源数据选择"密集点云",面数根据成像质量需求可选择"高""中""低",最后点击"确定",如图3.5。

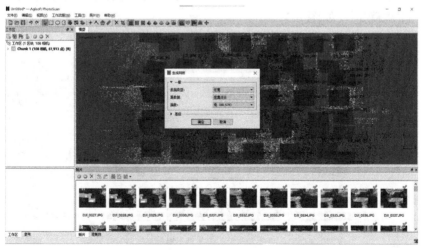

图 3.5　生成网格

（3）生成纹理

点击"工作流程"—"生成纹理"，映射模式选择"正射影像"，混合模式选择"马赛克（默认）"，纹理大小选择"4096"，最后点击"确定"，如图3.6。

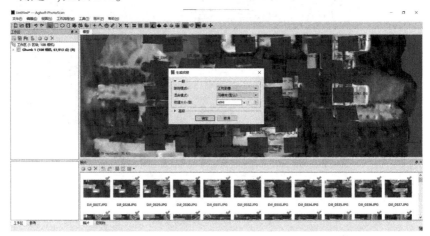

图3.6　生成纹理

6.拼接成果输出（5分钟）

（1）生成DEM

点击"工作流程"—"Build DEM"，参数默认，不用修改，最后点击"确定"，如图3.7。

图3.7　生成DEM

（2）生成正射影像

点击"工作流程"—"生成正射影像"，参数默认，不用修改，最后点击"确定"，如图 3.8。

图 3.8　生成正射影像

（3）成果导出

拼接完毕后，点击"文件"可导出拼接成果，正射影像、DEM 等，如图 3.9。

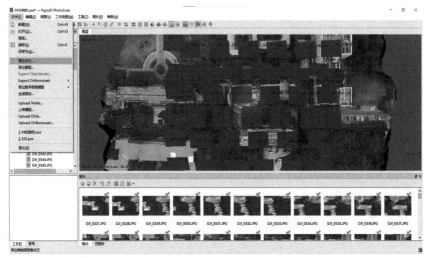

图 3.9　成果导出

7.拓展部分

(1)航摄区三维量测

结合 GIS 软件，可对拍摄对象的距离、面积、体积进行量测。

(2)专题图生成

利用拼接的正射影像和 DEM，结合 GIS 软件，可以快速生成一系列专题图，如水土流失防治责任范围图、扰动土地面积图、水土流失面积图、水土保持措施分布图、土地扰动整治图、林草覆盖图、土壤侵蚀强度分布图等。

六、思考题

1.如何在 Agisoft PhotoScan 中利用拼接的影像生成专题地图？

2.如何对拼接影像进行三维(距离、面积、体积)量测？

3.通过以上作业，你认为无人机可以在哪些领域发挥作用？

七、实验报告

1.记录操作 Agisoft PhotoScan 的主要过程；

2.展望 Agisoft PhotoScan 的应用前景。

八、说明

1.遵守 GIS 实验室管理制度，下课要关电脑，座椅位置还原；

2.不要利用实验室网络浏览无关的网站，严禁打游戏。

实验四 ENVI 基本操作

实验学时:2 学时
实验类型:综合
实验要求:必修

一、实验目的

学会 ENVI 软件安装流程;熟练掌握 ENVI 软件的基本操作。

二、实验内容

1.ENVI 软件简介;

2.学会 ENVI 软件的安装流程;

3.了解软件构成、功能,熟悉 ENVI 基本操作。

三、实验要求

1.学会 ENVI 软件的安装步骤;

2.了解并掌握 ENVI 的基本操作。

四、实验条件

1.GIS 实验室,每人 1 台电脑,宽带网连通;

2.ENVI 软件安装包。

五、实验步骤

(一)ENVI 简介

ENVI(The Environment for Visualizing Images)遥感影像处理软件是由美国 ITT 公司开发的一款软件,它是由遥感领域的科学家开发的一个完整的遥感图像处理系统。ENVI 主要包括数据输入与输出、图像定标、图像增强、图像校正、数据融合以及信息提取、三维立体等功能,如图 4.1。

图 4.1　ENVI 操作界面

(二)ENVI 软件安装

步骤:解压 ENVI 5.2 软件压缩包,双击"envi5.2-win.exe"应用程序,安装 ENVI 5.2 软件,如图 4.2。

图 4.2　安装界面

点击"Next"，然后选择安装路径，也可以选择默认 C 盘安装，如图 4.3。

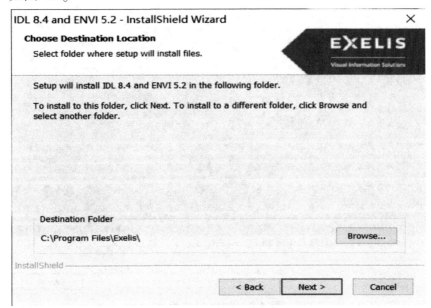

图 4.3　安装路径选择

点击"Next"，进入"Select Products"界面，勾选所有，如图 4.4。

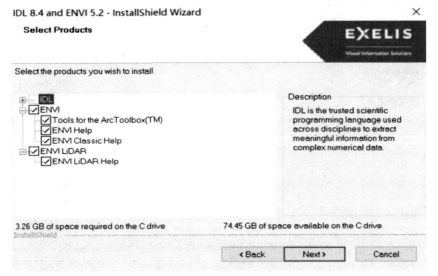

图 4.4　Select Products 界面

点击"Next",等待软件安装即可,如图 4.5。

图 4.5　软件安装界面

(三)ENVI 软件基本操作

1.启动 ENVI

安装成功后,点击图标进入 ENVI 主菜单,如图 4.6。

图 4.6　ENVI 操作界面

为了方便老用户的使用,ENVI 5.2 还保留了经典的菜单模式和三视窗操作界面(ENVI Classic)。其实 ENVI Classic 就是一个完整的版本,相比于 ENVI 界面,更方便操作,因此选择 ENVI Classic 进行实验操作,如图4.7。

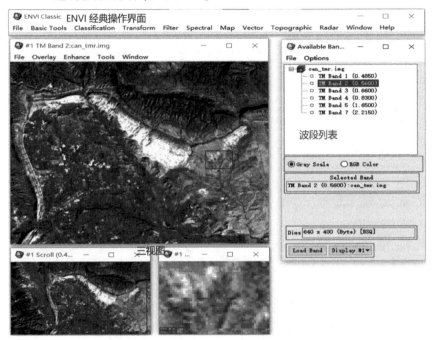

图 4.7　ENVI Classic 操作界面

2.文件读取

主菜单中选择"File"—"Open Image File/Vector File ...",支持读取的文件格式:img、TIFF、GeoTIFF、GIF、JPEG、BMP、SRF、HDF 等以及储存在 ArcView Raster、ERDAS 和 PCI 中的图像处理文件,如图4.8。

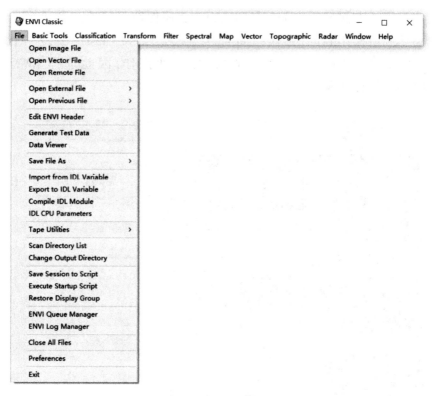

图 4.8　文件读取

3.数据输入与输出

（1）以 Geo TIFF 文件为例

输入操作：主菜单中选择"File"——"Open External File"——"Landsat"——"Geo TIFF with MetaData"，选择"txt"结尾文件，如图4.9。

图 4.9　读取 Geo TIFF 文件

输出操作:主菜单中选择"File"—"Save File As"—"ENVI Standard",在出现的 New File Builder 对话框中点击"Import File …"按钮,弹出 Create New File Input File 对话框,选择需要保存的文件,再选择保存路径,点击"OK"完成,如图 4.10 和图 4.11。

ENVI Classic

File	Basic Tools	Classification	Transform	Filter	Spectral	Map	Vecto

Open Image File
Open Vector File
Open Remote File

Open External File ›
Open Previous File ›

Edit ENVI Header

Generate Test Data
Data Viewer

Save File As › **ENVI Standard**
ENVI Meta
ArcView Raster

Import from IDL Variable
Export to IDL Variable

图 4.10　保存文件

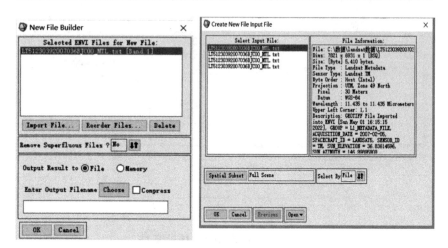

图 4.11　选择保存路径

（2）以 img 文件为例

运行"ENVI"—"File"—"Open Image File"打开 TM 影像文件（以 C：\Exelis\ENVI52\classic\data\can_tmr 为例），选择"打开"，如图 4.12。

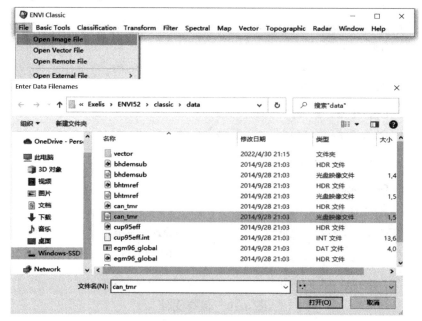

图 4.12　打开 img 文件

　　此时显示 Available Bands List 对话框,这里会列出 TM 的 6 个波段,在"Selected Band"栏中显示当前选中的波段,单击"Load Band"按钮将加载当前选中波段。默认是以灰度"Gray Scale"显示的,也可以选择"RGB Color"进行伪彩色显示(因为并不是真实的 RGB 三原色),如图 4.13。

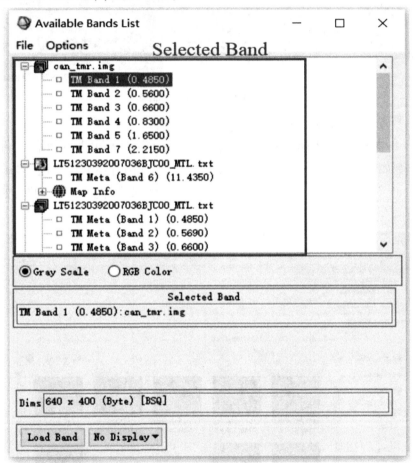

图 4.13　读取 img 文件

4.图像基本显示操作

　　ENVI Classic 是 ENVI 的经典模式,图像显示是三个视图,包括图像(Image)视图,放大(Zoom)视图和滚动(Scroll)视图,如图 4.14。右一:用于显示在 Zoom 窗口中图像;中间:用于低分辨率下显示整个图像；左一：用于放大 Image 窗口中对应的图像。

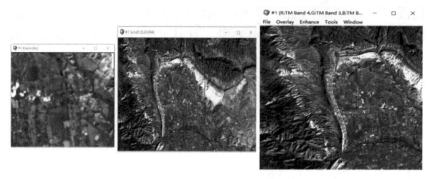

图 4.14　图像显示视图

5.单波段影像显示

主菜单中选择"File"—"Open Image File"，打开某个波段文件（例如选择 B1 波段），在 Available Bands List 窗口中勾选"Gray Scale"—点击"Load Band"，就会显示此波段的三个视图，如图 4.15 和图 4.16。

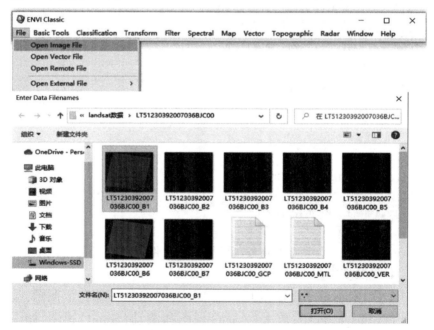

图 4.15　选择单波段文件

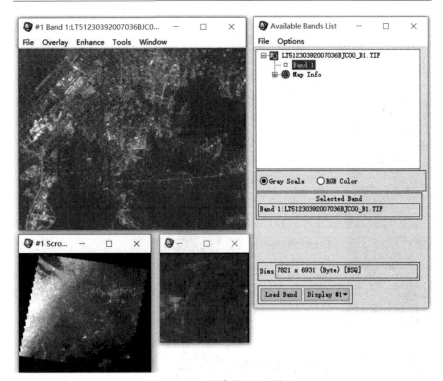

图 4.16　单波段显示结果

6.显示信息

图像(Image)窗口主菜单中选择"Tools"—"Cursor Location/Value ...",打开其对话框。主要是显示图像信息,在图像上移动鼠标,相应信息会发生变化。这些信息主要包括元坐标、投影信息、地图坐标等,如图 4.17。

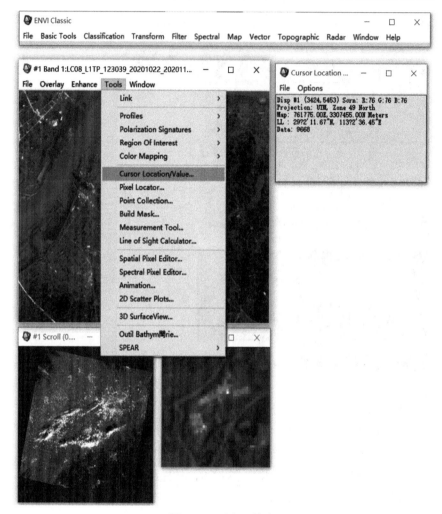

图 4.17　显示信息

7.标记注记

在图像(Image)窗口中选择"Overlay"—"Annotation …",弹出的窗口中选择"Object"—"Text",调整好标注后单击鼠标右键完成,如图4.18。文字颜色、大小、字体等都可以自己选择。

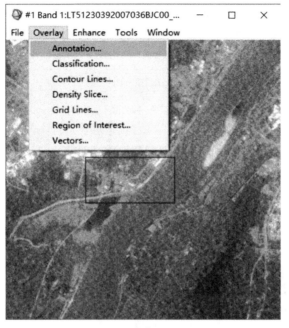

（a）

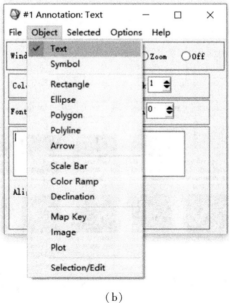

（b）

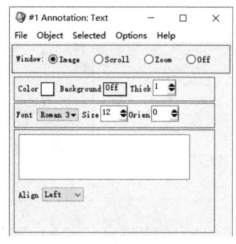

（c）

图 4.18　标记注记

8.波段合成

主菜单中选择"File"—"Open Image File"，选择所有波段文件，如图 4.19。

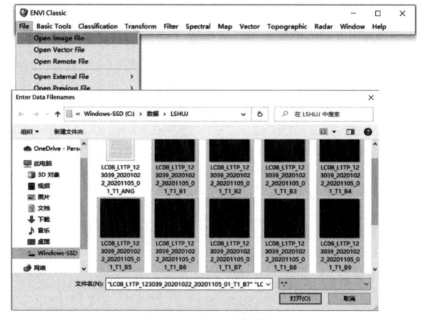

图 4.19　导入波段数据

在主菜单中选择"Basic Tools"，点击"Layer Stacking"—"Import File ..."进入波段输入窗口，如图 4.20。

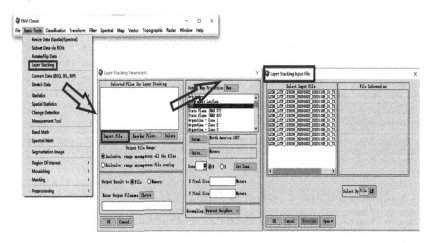

图 4.20　波段输入

选择所有波段，点击"OK"，由于波段有固有顺序，可以通过"Recorder Files ..."来调整波段顺序，点击"OK"，如图 4.21。

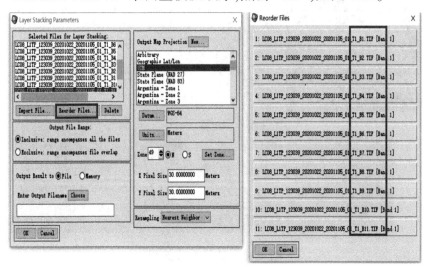

图 4.21　调整波段顺序

关于合成结果，可以选择保存，即勾选"File"，点击"OK"；也可以选择显示，但不保存，勾选"Memory"，点击"OK"，如图 4.22。

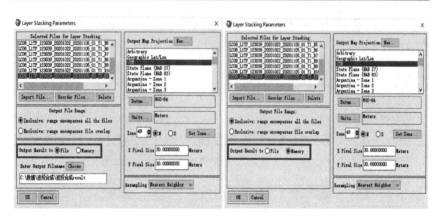

图 4.22　波段合成

波段合成图像可以兼容中红外、近红外以及可见光波段的信息，具有信息极其丰富、干扰性较小、可解译程度高等优势，最终合成结果如图 4.23。

图 4.23　波段合成结果

9.波段提取

加载波段合成图像，主菜单中选择"Basic Tools"—"Layer Stacking"，在出现的 Layer Stacking Parameters 窗口点击"Import

File …",输入数据,再点击"Spectral Subset"按钮,按住"Ctrl"键对子波段进行选择,如图 4.24 和图 4.25。

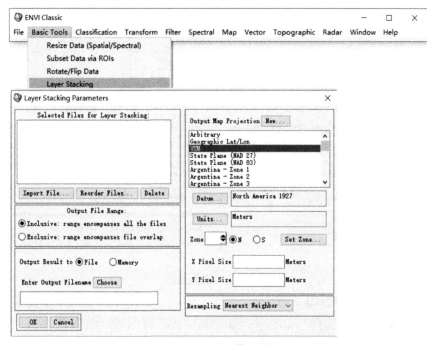

图 4.24　加载波段

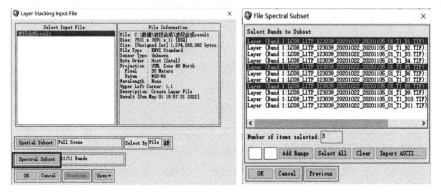

图 4.25　小波段数据选择

点击"OK",返回 Layer Stacking Parameters 窗口,"Output File Range"设为"Inclusive",勾选"File",选择保存路径,点击"OK"即可进行波段提取,如图 4.26。

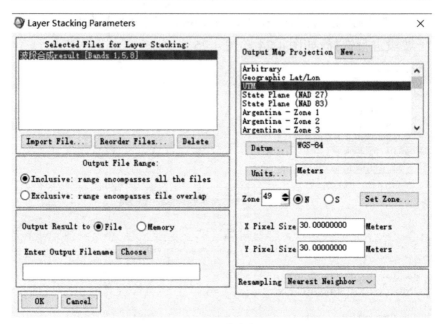

图 4.26　波段提取

10.保存和输出文件

主菜单中选择"File"—"Save File As"可另存为 ENVI、NITF、TIFF 等格式文件,如图 4.27。

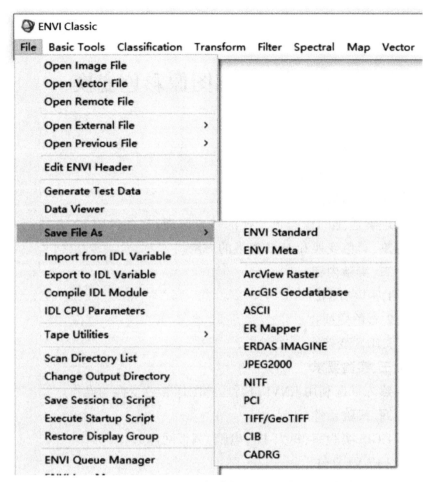

图 4.27　保存波段提取文件

六、思考题

学会安装 ENVI 软件,并熟练掌握 ENVI 软件的基本操作。

七、实验报告

1.详细记录本实验主要过程;

2.独立安装 ENVI 软件和掌握 ENVI 的基本操作过程。

八、说明

1.遵守 GIS 实验室管理制度,下课要关电脑,座椅位置还原;

2.不要利用实验室网络浏览无关的网站,严禁打游戏。

实验五　遥感图像彩色变换

实验学时:2 学时

实验类型:综合

实验要求:必修

一、实验目的

理解遥感图像彩色变换的基本原理;掌握运用 ENVI 进行密度分割、彩色变换和 HLS 变换的方法。

二、实验内容

1.密度分割;

2.彩色变换;

3.HLS 变换。

三、实验要求

熟练掌握利用 ENVI 进行遥感图像彩色变换的操作。

四、实验条件

1.GIS 实验室,每人 1 台电脑,宽带网连通;

2.ENVI 软件。

五、实验步骤

一般人眼睛只能分辨 20 个左右的灰度级,而对彩色图像的分辨能力可以达到 100 多种。因此对遥感图像进行彩色变换可以大大加强图像的可读性,便于图像解译。

(一)密度分割

密度分割可使图像轮廓更加清晰,突出某些具有一定色调特征的地物及其分布状态。密度分割后所得彩色图像的色彩是人为赋予的,因此也称密度分割为彩色密度分割。

加载 TM 单波段图像,如图 5.1。

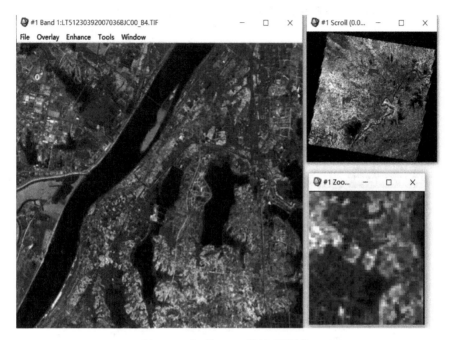

图 5.1　加载 TM 单波段图像

在图像（Image）窗口中选择"Tools"—"Color Maping"—"Density Slice …"，选择单波段图像,点击"OK",如图 5.2。

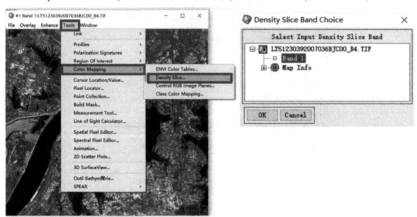

图 5.2　选择单波段图像

随后会进入 Density Slice 对话框,在对话框中选择"Options"—"Set Number of Default Ranges …",将"Number of

Default Ranges"（密度分割层数）设为"5"，如图5.3。

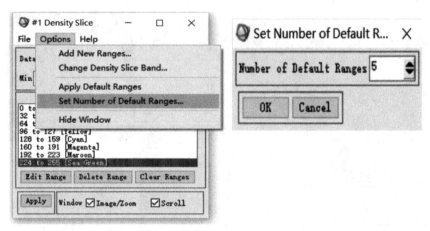

图 5.3　Density Slice 对话框

单击"OK"，返回 Density Slice 对话框，选择"Options" —— "Apply Default Ranges"，完成密度分割层数设置，如图5.4。

图 5.4　密度分割

在 Density Slice 对话框中，选择第一个分割层，单击"Edit Range"按钮，设置选中分割层范围与颜色。在"Range Min"中输入"3"，

"Range Max"中输入"9",将"Range Color"设为"Red",此处将"Red"数值设置为"255","Green"和"Blue"保持为"0"即可,如图5.5。

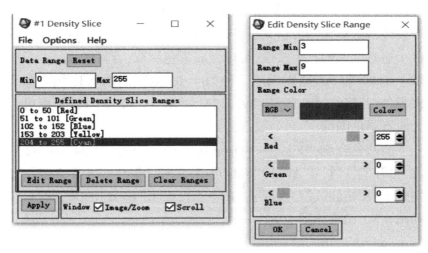

图5.5　参数设置

单击"OK",按照下图依次编辑其他四个分割层的范围与颜色。单击"Apply",完成密度分割,密度分割结果如图5.6。

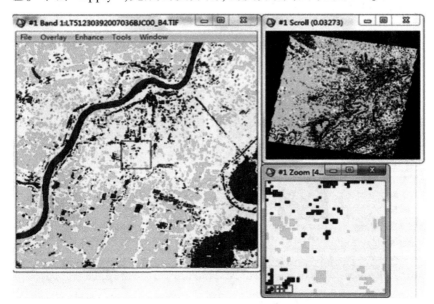

图5.6　密度分割结果

(二)彩色合成

对于遥感影像,彩色合成是为了更好地对遥感图像进行目视解译,会比真实图像更便于识别地物。赋予红、绿、蓝三色后的三个波段遥感影像图像信息量丰富且相关性小。若任意将红、绿、蓝赋予遥感影像的三个波段,可以合成彩色影像;若将红、绿、蓝对应赋予 TM 影像(遥感影像的一种)B4、B3、B2 波段,可以合成标准假彩色;若将红、绿、蓝对应赋予 TM 影像 B3、B2、B1 波段,则可以合成真彩色图像。

假彩色合成:"File"—"Open Image File"中选择 B4,B3,B2 波段,打开文件后,在 Available Bands List 对话框中将 4、3、2 波段分别赋予"R"(红)、"G"(绿)、"B"(蓝),点击"Load RGB",如图 5.7 和图 5.8。结果如图 5.9。

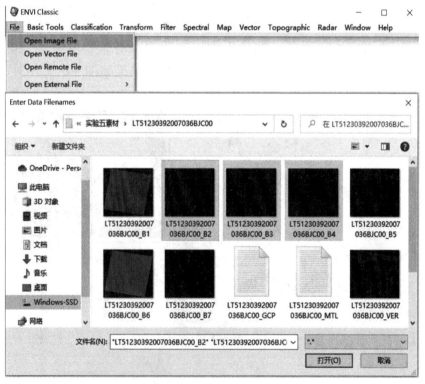

图 5.7　选择波段文件

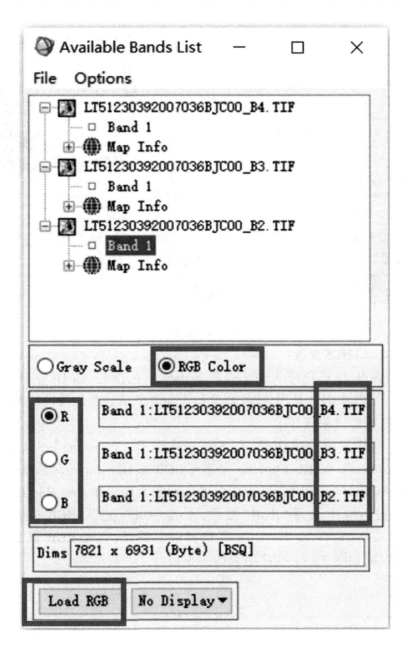

图 **5.8**　假彩色合成设置

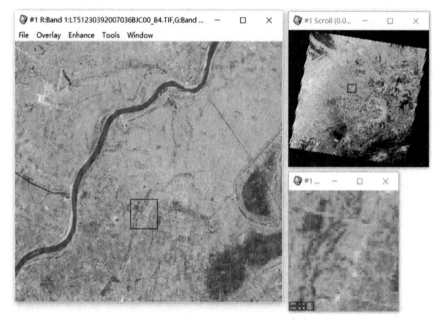

图 5.9　标准假彩色合成结果

（三）HLS 变换

在 RGB 彩色模式中还有很多不同彩色模式，如 HLV、HLS、HIS 等，其中 HIS 是用色调、明度和饱和度来描述颜色特性的彩色模式，视觉效果较好。

加载波段合成图像，在主菜单中选择"Transform"—"Color Transforms"—"RGB to HLS"，进入 RGB to HLS Input 对话框，选择"Available Band List"，点击"OK"，如图 5.10。在 Available Band List 对话框中选择"RGB"波段，点击"OK"，进入 RGB to HLS Parameters 窗口，点击"Choose"选择保存路径，完成 RGB 到 HLS 的变换，如图 5.11。变换结果如图 5.12。

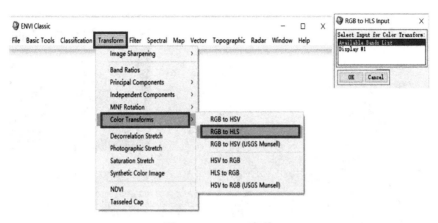

图 5.10　HLS 变换

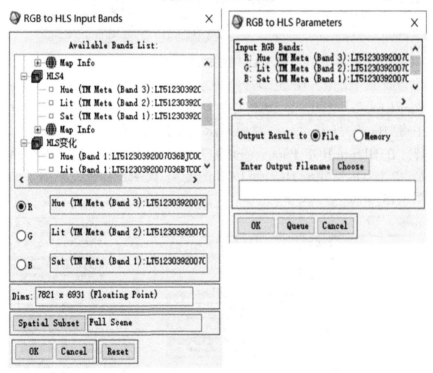

图 5.11　HLS 变换保存

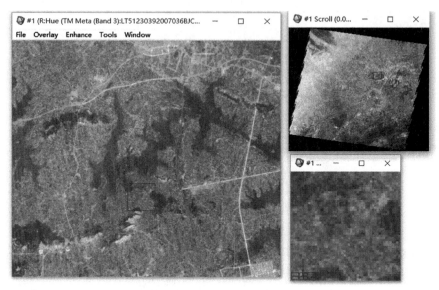

图 5.12　HLS 合成结果

　　加 载 图 像，在 主 菜 单 中 选 择 "Transform"— "Color Transforms"— "HLS to RGB"，在 HLS to RGB Input Bands 对话框中将"Hue"、"Lit"、"Sat"对应显示三个波段，单击"OK"，如图 5.13。在 HLS to RGB Parameters 窗口中，点击"Choose"输入保存路径，单击"OK"，完成 HLS 到 RGB 的变换，如图 5.14。变换结果如图 5.15。

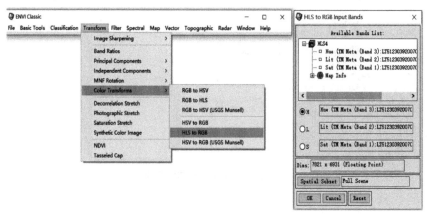

图 5.13　RGB 合成

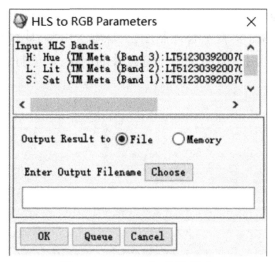

图 5.14　RGB 合成的保存

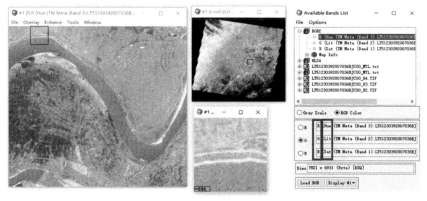

图 5.15　RGB 合成结果

六、思考题

1.参考以上步骤,对遥感图像进行真彩色合成(TM 影像真彩色是指将波段 3、2、1 分别赋予红、绿、蓝);

2.比较经过上述方法变换后的遥感图像与原图像,思考彩色变换对于遥感解译的作用。

七、实验报告

1.详细记录本实验主要过程;

2.描述运用 ENVI 软件进行密度分割、彩色变换和 HLS 变换的方法和过程。

八、说明

1.遵守 GIS 实验室管理制度,下课要关电脑,座椅位置还原;
2.不要利用实验室网络浏览无关的网站,严禁打游戏。

实验六　图像融合、镶嵌与裁剪

实验学时:2 学时

实验类型:综合

实验要求:必修

一、实验目的

了解遥感数据的融合、镶嵌与剪切的概念与意义;掌握运用 ENVI 软件进行遥感图像融合、镶嵌与剪切的方法与操作过程。

二、实验内容

1.图像融合(以 PCA 融合为例);

2.图像镶嵌(基于地理坐标的图像镶嵌);

3.图像剪切(不规则分幅裁剪)。

三、实验要求

掌握遥感图像融合、镶嵌与剪切的方法和操作过程。

四、实验条件

1.GIS 实验室,每人 1 台电脑,宽带网连通;

2.ENVI 软件。

五、实验步骤

(一)图像融合——以 PCA 融合为例

遥感图像融合技术可以把多源遥感图像提供的信息进行综合,生成一幅比任何单一图像更加精确、信息更加丰富的新图像。通过融合,可以有效运用来自不同频段、不同空间尺度的多源遥感数据,充分挖掘遥感数据的多种信息。ENVI 中提供的融合方法有:HSV 变换、PCA 融合法和 Brovey 变换。

主菜单中选择"Transform"—"Image Sharpening"—"PC Spectral Sharpening",打开 Select Low Spatial Resolution Multi Band Input File 对话框,选择 TM-30m.dat 图像,如图 6.1 和图 6.2。

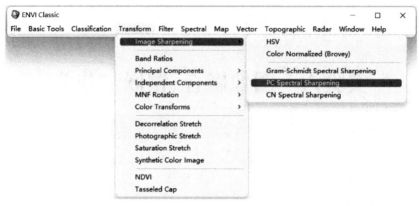

图 6.1　选择图像融合

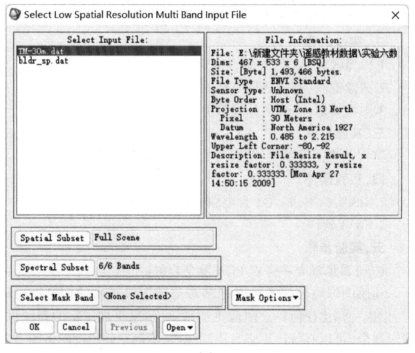

（a）

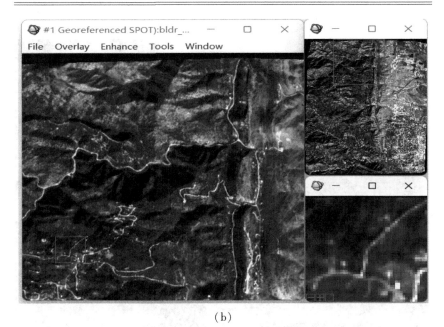

（b）

图 6.2 加载 TM-30m 影像

随后进入 Select High Spatial Resolution Input File 对话框，在 "Select Input Band" 中选择 bldr_sp.dat 图像，单击"OK"，如图 6.3。

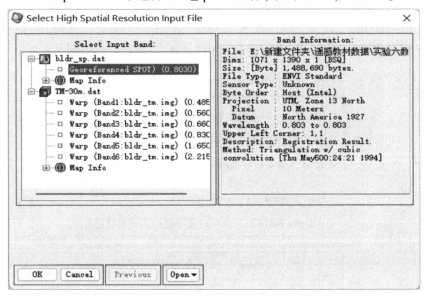

（a）

（b）

图 6.3　选择 bldr_sp.dat 图像

在弹出的 PC Spectral Sharpen Parameters 对话框中，将"Resampling"设为"Nearest Neighbor"，点击"Choose"，选择保存路径，点击"OK"，完成 PCA 融合，如图 6.4。融合结果如图 6.5。

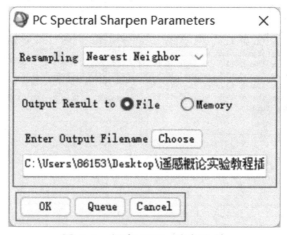

图 6.4　保存 PCA 融合文件

图 6.5　PCA 融合结果

(二)图像镶嵌——基于地理坐标的图像镶嵌

单幅图像有时不能完全覆盖研究区域,此时需要将两幅或多幅图像拼接,形成一幅或一系列覆盖研究区域的较大图像。

加载数据,主菜单中选择"Map"—"Mosaicking"—"Georeferenced",打开 Map Based Mosaic 对话框,如图 6.6。

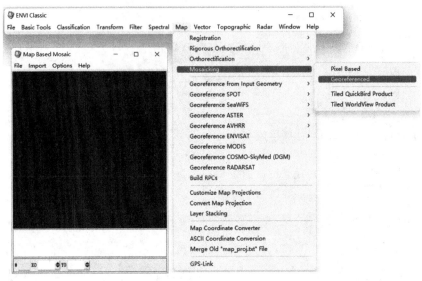

图 6.6　打开数据

在 Map Based Mosaic 对话框中，选择"Import"—"Import Files …"，选择 mosaic_1.img 和 mosaic_2.img 文件导入，即导入要镶嵌的两幅图像，并显示在 Mosaic 对话框中，如图 6.7。

（a）

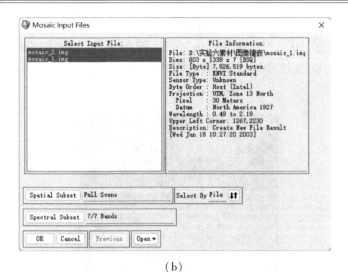

（b）

（c）

图 6.7 导入镶嵌影像

在 Mosaic 对话框中，右键单击"#1"图像，选择"Edit Entry …"，

打开 Entry:mosaic_1.img 对话框。将"Feathering Distance"(羽化半径)设为"10","Color Balancing"(颜色平衡)设为"Fixed"。点击"OK",完成基准图像#1 的参数设置,如图6.8。

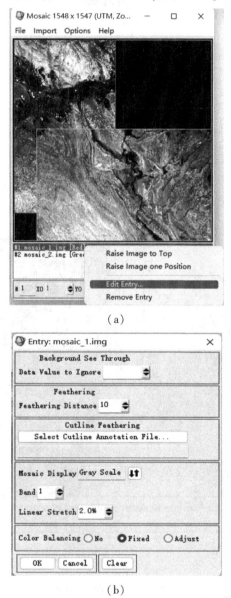

(a)

(b)

图6.8 基准图像#1 参数设置

在 Mosaic 对话框中,右键单击"#2"图像,选择"Edit Entry …",打开 Entry：mosaic_2.img 对话框。将"Feathering Distance"(羽化半径)设为"10","Color Balancing"(颜色平衡)设为"Adjust"。点击"OK"完成基准图像#2 的参数设置,如图 6.9。

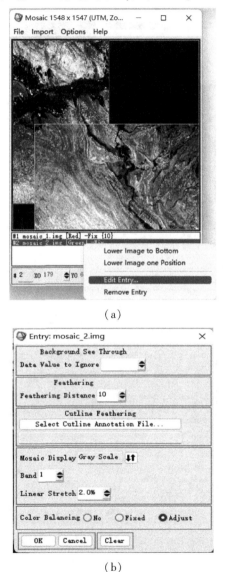

(a)

(b)

图 6.9　基准图像#2 参数设置

　　在 Mosaic 对话框中选择"File"—"Apply",在弹出的 Mosaic Parameters 对话框中,参数保持默认设置,单击"OK",如图 6.10。镶嵌结果如图 6.11。

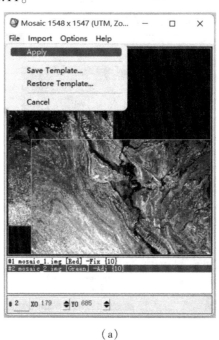

（a）

（b）

图 6.10　图像镶嵌应用

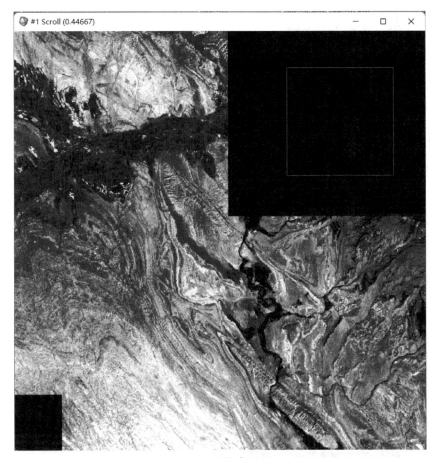

图 6.11　镶嵌结果

(三) 图像剪切——不规则分幅裁剪

　　有时遥感图像覆盖范围较大,远远超出研究区域,此时就需要对图像进行裁剪,即将研究之外的区域裁剪。

　　主菜单中选择"File"—"Open Image File",打开待裁剪图像,在图像(Image)窗口选择"Overlay"—"Region of Interest …",打开ROI Tool 对话框,如图 6.12。

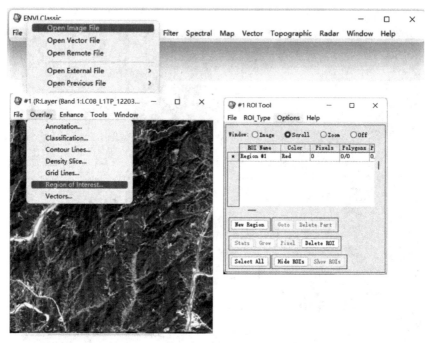

图 6.12 打开待裁剪图像

在 ROI Tool 对话框中选择"ROI_Type"—"Polygon",设置绘制关注区窗口为 Scroll 窗口,如图 6.13。

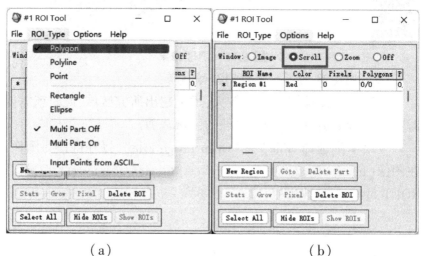

（a） （b）

图 6.13 设置绘制关注区

关闭 ROI Tool 对话框后,在 Scroll 窗口中可以绘制出任意多边形,单击鼠标右键,即可完成多边形绘制,如图 6.14。

图 6.14　绘制裁剪框

主菜单中选择"Basic Tools"—"Subset Data via ROIs",在 Select Input File to Subset via ROI 窗口中选择待裁剪图像,再单击"OK",打开 Spatial Subset via ROI Parameters 对话框,将"Mask pixels output of ROI?"设为"Yes",点击"OK",如图 6.15。裁剪结果如图 6.16。

（a）

（b）

图 6.15　导出参数设置

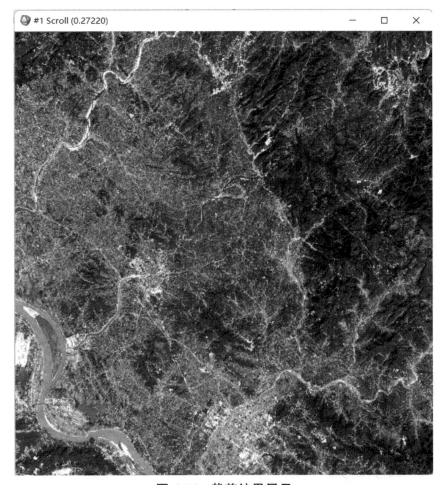

图 6.16　裁剪结果显示

六、思考题

通过实验操作,比较 PCA 融合结果与原图像的差异。

七、实验报告

1.详细记录本实验主要过程;

2.描述运用 ENVI 软件进行密度分割、彩色变换和 HLS 变换的方法和过程。

八、说明

1.遵守 GIS 实验室管理制度,下课要关电脑,座椅位置还原;

2.不要利用实验室网络浏览无关的网站,严禁打游戏。

实验七 图像校正

实验学时:4 学时
实验类型:综合
实验要求:必修

一、实验目的

理解辐射校正、几何校正的原理和意义;掌握利用 ENVI 进行辐射校正和几何校正的方法和操作步骤。

二、实验内容

1.辐射校正(辐射定标、大气校正);

2.几何校正。

三、实验要求

熟练掌握辐射校正、几何校正的操作步骤。

四、实验条件

1.GIS 实验室,每人 1 台电脑,宽带网连通;

2.ENVI 软件。

五、实验步骤

(一)辐射校正

辐射校正的目的是消除辐射畸变,一般包括两个步骤:辐射定标,大气校正。辐射定标是将传感器上记录的数字值转换成辐射亮度值的过程。

1.辐射定标

主菜单中选择"File"—"Open External File"—"Landsat"—"Geo TIFF with Metadata",打开 txt 文件,如图 7.1。

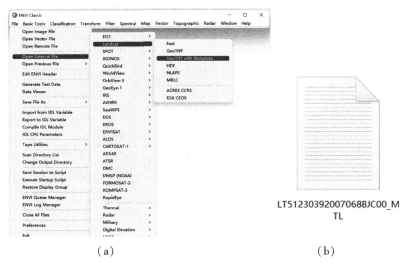

（a）　　　　　　　　　　　　　　　　（b）

图 7.1　打开文件

主菜单中选择"Basic Tools"—"Preprocessing"—"Calibration Utilities"—"Landsat Calibration"，选择有六个波段的 txt 文件，如图 7.2 和图 7.3。

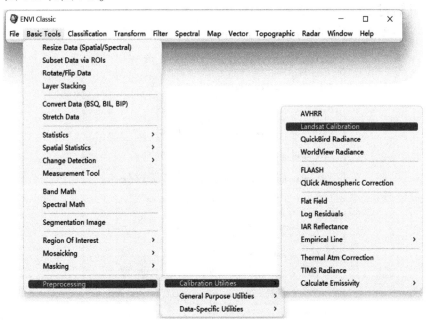

图 7.2　Landsat Calibration 文件

图 7.3　选择 txt 文件

点击"OK"后进入 ENVI Landsat Calibration 对话框,将"Calibration Type"(定标类型)设置为"Radiance",单击"OK",完成辐射定标,如图 7.4。

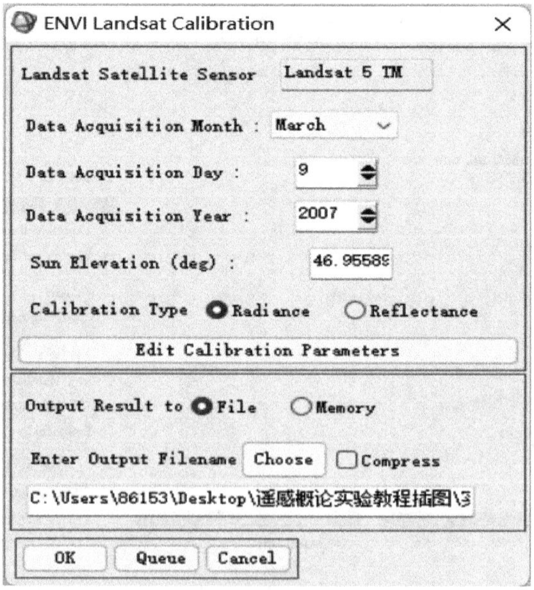

图 7.4　辐射定标设置参数

2.存储格式转换

FLAASH 大气校正输入数据要求为 BIL,而辐射定标后的数据格式为 BSQ,因此需要进行格式转换。

主菜单中选择"Basic Tools"—"Convert Data(BSQ,BIL,BIP)",在弹出的 Convert File Input File 窗口中打开辐射定标后的图像。单击"OK",在 Convert File Parameters 对话框中将"Output Interleave"设为"BIL",点击"OK"完成存储格式转换,如图 7.5。

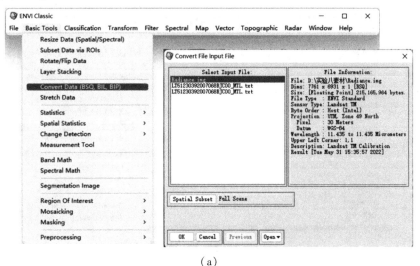

(a)

(b)

图 7.5 存储格式转换

3.大气定标

大气校正是消除遥感图像中由大气散射、吸收和反射等引起的畸变,将辐射亮度转换成地表真实反射率的过程。ENVI 软件中"FLAASH"大气校正模块是一种基于 MODTRAN 模型的辐射传输模型。

主菜单中选择"Basic Tools"—"Preprocessing"—"Calibration Utilities"—"FLAASH",如图 7.6。

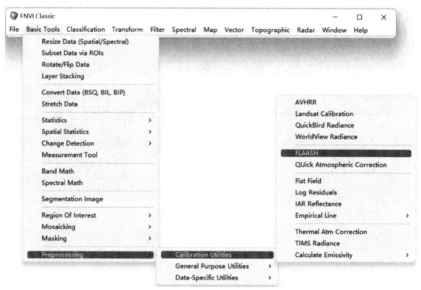

图 7.6　选择大气定标文件

进入 FLAASH Atmospheric Correction Model Input Parameters 对话框,点击"Input Radiance Image",选择存储格式转换后的图像,进入 Radiance Scale Factors 对话框,将"Single scale factor"设置为"10.000000",如图 7.7 和图 7.8。

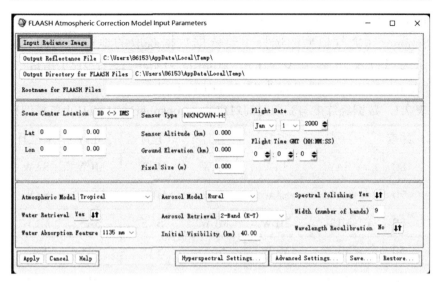

图 7.7 导入格式转换后文件

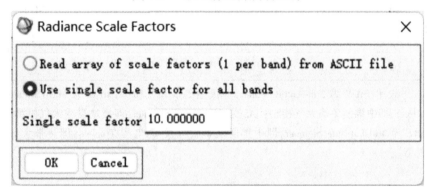

图 7.8 参数设置

参数设置好后,点击"OK",返回 FLAASH Atmospheric Correction Model Input Parameters 对话框即大气校正参数设置页面,如图 7.9。其中"Scene Center Location"中心经纬度保持默认(自动从原文件读取);"Sensor Type"设置为"Landsat TM5"(根据下载的数据类型选择);"Ground Elevation"(地面高度)设为"0.045km"(根据下载的数据类型选择);"Flight Date"和"Flight Time"在元文件(txt 文件)中获取,可利用记事本打开元数据文件,查询字段"DAT_ACQUIDITION"和"SCENE_CNTER_SCAN_

TIME"得到具体时间;"Atmospheric Model"设置为"Mid-Latitude Summer"(大气模型的选择主要依据数据获取的地点和时间,具体选择标准可参考表7.1);"Aerosol Model"设置为"Urban";"Aerosol Retrieval"设置为"2-Band(K-T)"。

表7.1 数据经纬度与获取时间对应的 Atmospheric Model(大气模型)

纬度	一月	三月	五月	七月	九月	十二月
80	SAW	SAW	SAW	MLW	MLW	SAW
70	SAW	SAW	MLW	MLW	MLW	SAW
60	MLW	MLW	MLW	SAS	SAS	MLW
50	MLW	MLW	SAS	SAS	SAS	SAS
40	SAS	SAS	SAS	MLS	MLS	SAS
30	MLS	MLS	MLS	T	T	MLS
20	T	T	T	T	T	T
10	T	T	T	T	T	T

表注:SAW 为 Sub-Arctic Winter,即极地冬季大气模型;MLW 为 Mid-Latitude Winter,即中维度冬季大气模型;SAS 为 Sub-Arctic Summer,即极地夏季大气模型;MLS 为 Mid-Latitude Summer,即中维度夏季大气模型;T 为 Tropical,即热带大气模型。

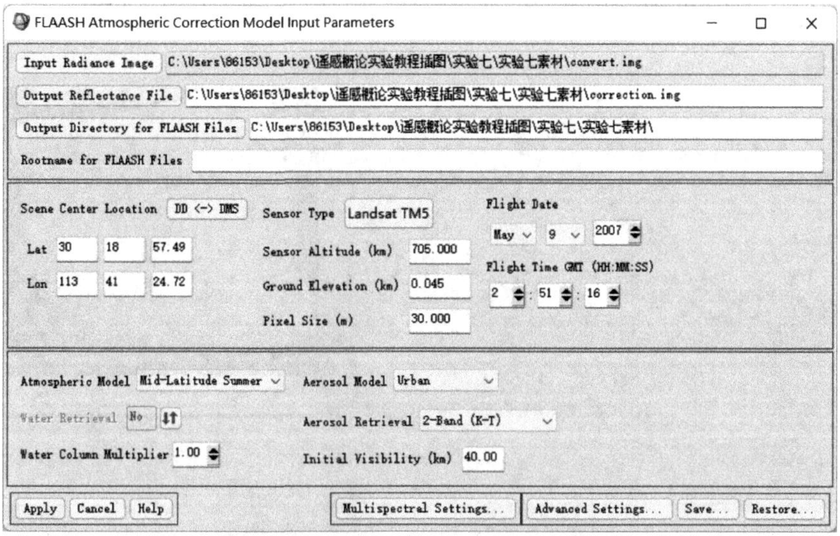

图7.9　FLAASH大气校正参数设置

单击"Multispectral Settings …"按钮,选择"Defaults"—"Over-Land Retrieval standard(660∶2100nm)",点击"OK",如图7.10。

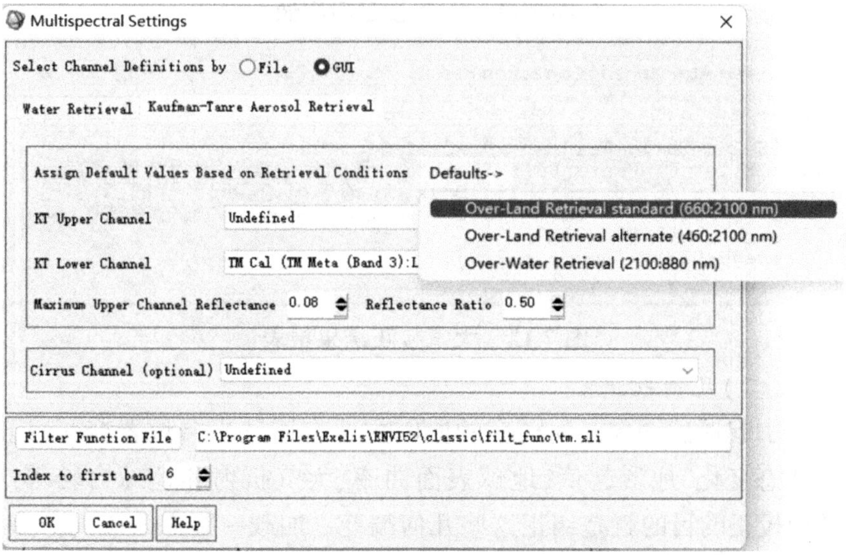

图7.10　文件保存参数设置

返回 FLAASH Atmospheric Correction Model Input Parameters 对话框,进行大气校正,得到大气校正后图像和大气校正结果报表,分别如图 7.11 和图 7.12。

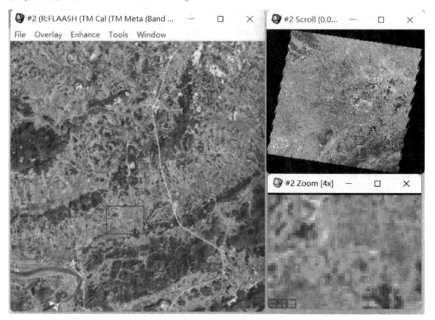

图 7.11　大气校正后图像

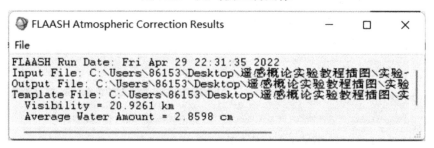

图 7.12　大气校正结果报表

(二)几何校正

引起遥感图像几何畸变的原因主要有遥感平台位置变化、运动状态变化、地形起伏、地球表面曲率、大气折射和地球自转等。几何校正的目的就是纠正这些几何畸变。加载一幅 wasia1 高分辨率图像和一幅 wasia3 低分辨率图像(加载图像的方法已在实验 4 详细阐述)。将高分辨率图像作为基准图像,低分辨率图像作为待几何校正图像,如图 7.13。

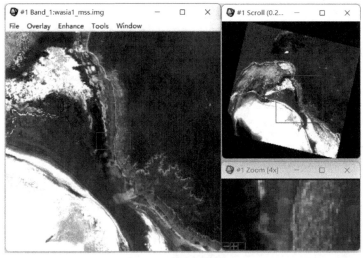

(a)基准图像

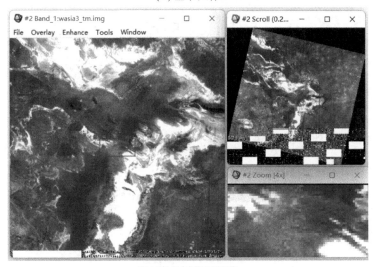

(b)待几何校正图像

图 7.13　基准及待校正图像

在主菜单中选择"Map"—"Registration"—"Select GCPs：Image to Image"，进入 Image to Image Registration 对话框，选择 Base Image(基准图像)为 Display #1，Warp Image(畸变图像即待几何校正图像)为 Display #2，单击"OK"，如图 7.14，进入 Ground Control Points … 对话框。

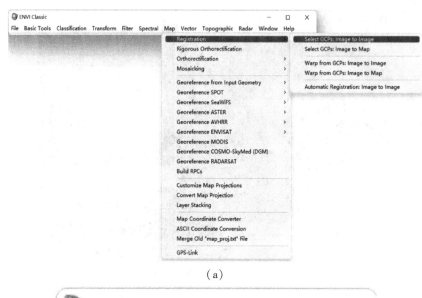

（a）

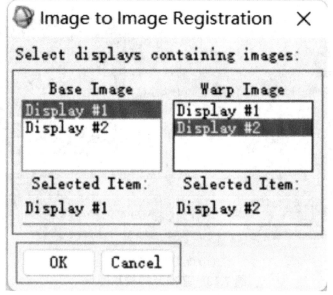

（b）

图 7.14　选择几何校正图像

　　单击"Add Point"，完成一对控制点采集。单击"Show List"，在弹出的 Image to Image GCP List 对话框中可以显示出基准图像及待几何校正图像的 X、Y 坐标信息，如图 7.15。

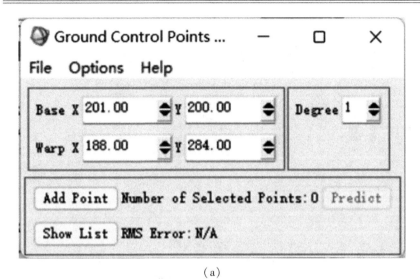

（a）

（b）

图 7.15　基准与待几何校正图像的 X、Y 信息

　　重复以上步骤,尽量让控制点均匀分布,即可完成控制点选择,如图 7.16。

Image to Image GCP List

File Options

	Base X	Base Y	Warp X	Warp Y	Predict X	Predict Y	Error X	Error Y	RMS
#1+	201.00	200.00	188.00	284.00	345.5562	281.3460	157.5562	-2.6540	157.5786
#2+	494.25	454.50	663.40	433.20	656.3885	433.9048	-7.0115	0.7048	7.0468
#3+	752.75	103.25	816.80	219.20	824.8182	219.2693	8.0182	0.0693	8.0185
#4+	705.00	745.25	790.80	611.80	814.4252	608.5912	23.6252	-3.2088	23.8421
#5+	320.25	169.25	558.20	260.80	438.6975	261.9242	-119.502	1.1242	119.5078
#6+	922.00	308.50	920.00	342.80	961.7191	342.4899	41.7191	-0.3101	41.7203
#7+	880.75	948.00	895.40	728.20	877.0778	729.9122	-18.3222	1.7122	18.4020
#8+	172.25	483.25	468.60	452.40	452.3932	453.6719	-16.2068	1.2719	16.2567
#9+	460.25	203.25	642.20	280.40	572.3243	281.6906	-69.8757	1.2906	69.8876

Goto On/Off Delete Update Hide List

图 7.16　控制点选择

返回 Ground Control Points … 对话框,选择"Options"—"Automatically Generate Tie Points",选择"R"。并设置"Number of Tie Points"为"80",点击"OK",如图 7.17。

(a)

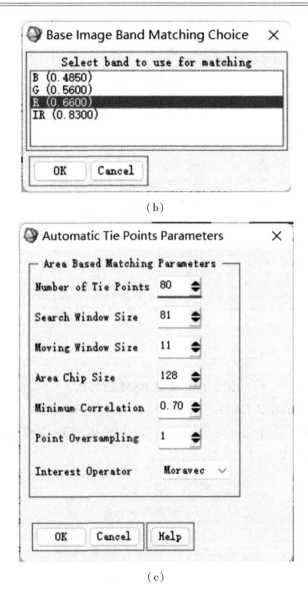

（b）

（c）

图 7.17　几何校正参数设置

在出现的 Image to Image GCP List 对话框中,选择"Options"—
"Order Points by Error",这里 RMS 值为由高到低排列,选中 RMS
最高的控制点,单击"Delete"。重复操作,直到 RMS 值小于 1,如
图 7.18 和图 7.19。

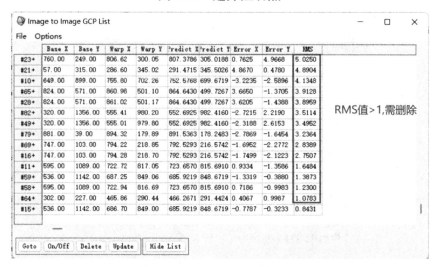

图 7.18　选择控制点

图 7.19　处理 RSM 控制点

返回 Ground Control Points Sele …对话框,选择"Options"—
"Warp File(as Image to Map) …",选择待校正文件,最后点击
"OK",如图 7.20。

(a)

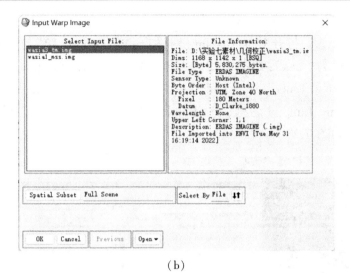

（b）

图 7.20 选择待校正文件

在弹出的 Registration Parameters 对话框中,将"Degree"设为"1",其他保持默认,单击"OK",完成几何校正,如图 7.21。

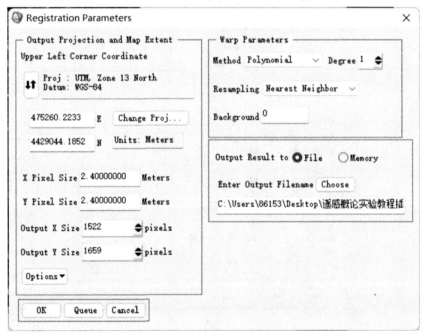

图 7.21 保存几何校正文件

在图像（Image）窗口中，选择"Tools"—"Link"—"Link Displays …"，打开 Link Displays 对话框，将"Display #2"与"Display #3"设置为"Yes"，如图 7.22。点击"OK"，返回图像（Image）窗口中，选择"Tools"—"Link"—"Geographic Link …"，打开 Geographic Link 对话框，将"Display #2"与"Display #3"设置为"on"，如图 7.23。

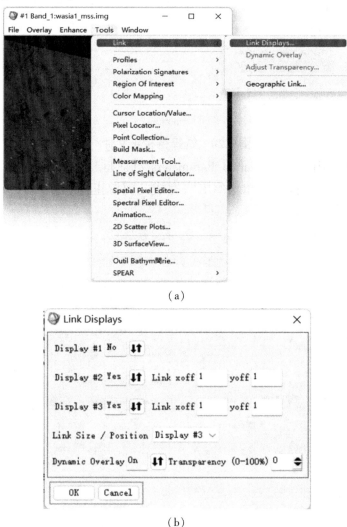

（a）

（b）

图 7.22 Link Displays 设置

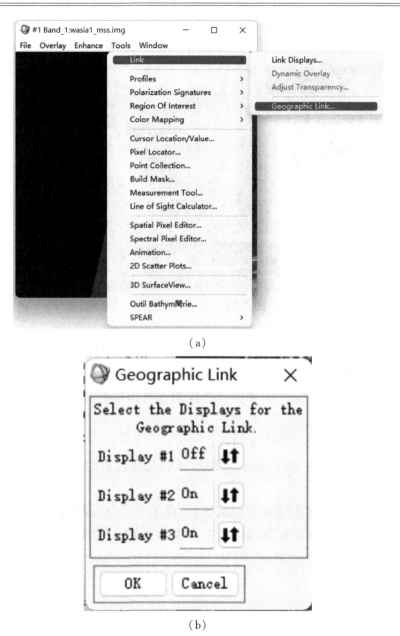

（a）

（b）

图 7.23 Geographic Link 设置

单击"OK"，即可完成几何校正图像同一基准图像关联。可以在图像（Image）窗口中单击鼠标左键，在放大（ZOOM）窗口检验校正结果,如图 7.24。

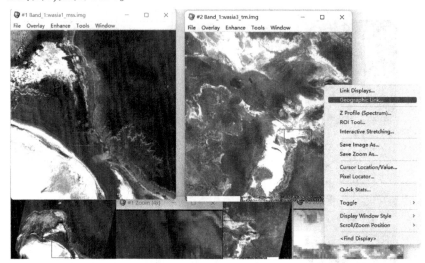

图 7.24　几何校正结果

六、思考题

1.参考以上步骤,自己下载一幅遥感图像,对实验图像进行辐射校正,并比较辐射校正前后图像的差异;

2.思考实验操作中如何选择控制点可以提高几何校正精度。

七、实验报告

1.详细记录实验主要过程;

2.描述运用 ENVI 进行辐射校正和几何校正的方法和过程。

八、说明

1.遵守 GIS 实验室管理制度,下课要关电脑,座椅位置还原;

2.不要利用实验室网络浏览无关的网站,严禁打游戏。

实验八　图像增强

实验学时:4 学时

实验类型:综合

实验要求:必修

一、实验目的

理解遥感图像对比度增强和空间增强的原理;掌握 ENVI 软件中对比度增强和空间增强的方法。

二、实验内容

1.对比度增强;

2.空间增强。

三、实验要求

能够熟练掌握利用 ENVI 进行图像增强的方法。

四、实验条件

1.GIS 实验室,每人 1 台电脑,宽带网连通;

2.ENVI 软件。

五、实验步骤

(一)对比度增强

遥感图像中,亮度的最大值与最小值之比称为对比度。对比度不足会使图像看起来暗淡、模糊,无法清楚地表现图像中地物之间的差异。对比度增强是通过改变图像中像元的亮度值来实现的,通过改变图像的对比度,从而改变图像质量,这样更能够突出有价值的地物信息。

1.线性拉伸

加载 TM 遥感图像,在图像(Image)窗口中选择"Enhance"—"Interactive stretching …",在弹出的窗口中选择"Stretch_Type"—"Linear"(线性拉伸),鼠标左键拖拽输入直方图中的垂直线,点击

"Apply",实现线性拉伸,如图 8.1 和图 8.2。拉伸前后结果对比如图 8.3。

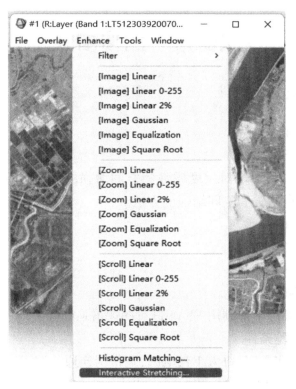

（a）

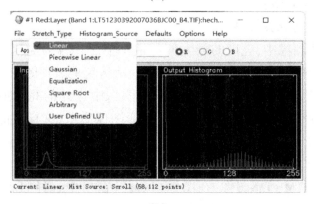

（b）

图 8.1　线性拉伸

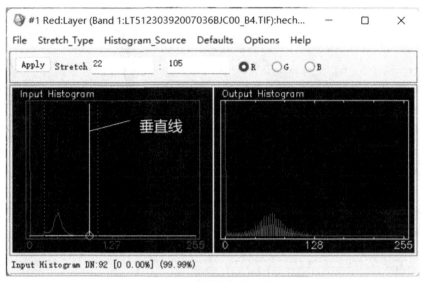

图 8.2 直方图垂直线

(a)未经线性拉伸的图像(浅灰度)

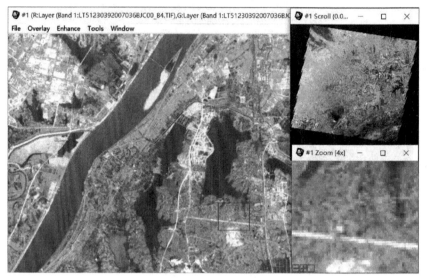

（b）经过线性拉伸图像（深灰度）

图8.3　未经线性拉伸及拉伸后的图像

2.直方图均衡化

　　加载 TM 图像,在图像（Image）窗口中选择"Enhance"—"［Image］Equalization",对图像进行直方图均衡化,如图8.4。直方图均衡化前后结果对比如图8.5。直方图均衡化的本质是对图像的非线性拉伸,通过重新分配像元值,实现灰度值在一定范围内数量平衡,从而整体改善图像的显示亮度。

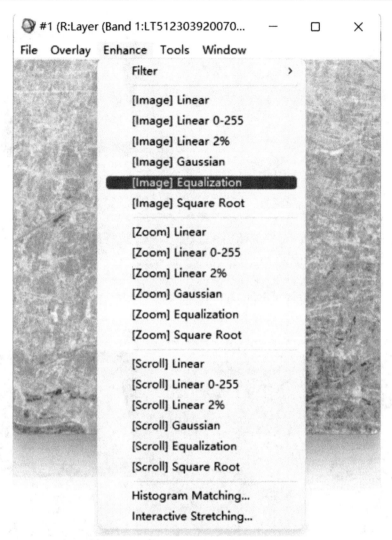

图 8.4　直方图均衡化图像操作对话框

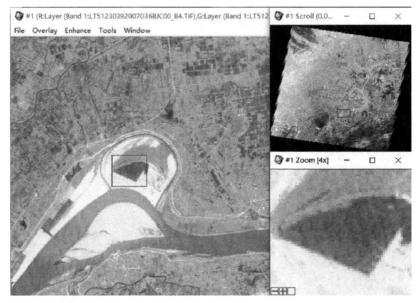

（a）未经直方图均衡化的图像

（b）经过直方图均衡化的图像

图 8.5　未直方图均衡化及均衡化后的图像

3.直方图匹配

加载参考直方图匹配图像和待匹配图像,如图 8.6。

（a）参考直方图匹配图像

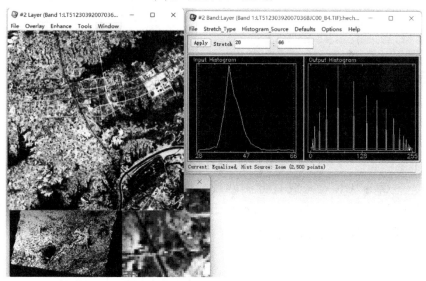

（b）待匹配图像

图 8.6　参考直方图匹配图像和待匹配图像

在待匹配图像(Image)窗口中选择"Enhace"—"Histogram Matching …",在 Histogram Matching Inpu … 对话框的"Match To"

中选择"Display #1"(匹配参考图像),如图 8.7。

图 8.7　选择参考图像

　　点击"OK",完成直方图匹配。匹配结果如图 8.8。(匹配后的图像在亮度上已经明显增强,其直方图与#1 中的图像直方图在亮度上的分布也比较相近。)

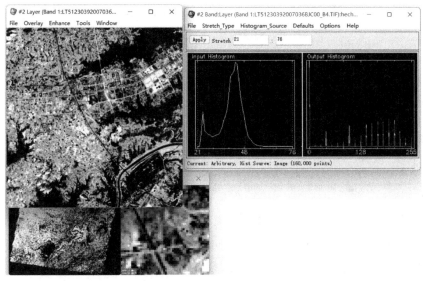

图 8.8　直方图匹配结果

(二) 空间增强

空间增强需要考虑每个像元及其周围像元亮度之间的关系，从而突出图像的某些空间特征。如边缘或纹理特征等。空间增强方法包括空间滤波、傅里叶变换和空间变换等。

1. 卷积滤波

加载数据，主菜单中选择" Filter "—" Convolutions and Morphology"，在弹出的窗口中选择"Convolutions"—"Gaussian Low Pass"(以高斯低通滤波为例)，在 Convolutions and Morphol … 对话框中，卷积核大小(Kernel Size)默认设置，点击" Apply To File …"，如图 8.9 和图 8.10。

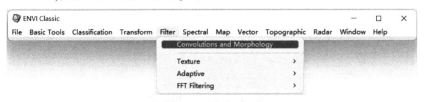

图 8.9　卷积滤波

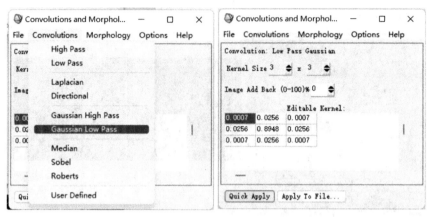

图 8.10 高斯低通滤波

在弹出的 Convolution Parameters 对话框中勾选"File",再点击"Choose",选择输出路径,单击"OK",执行并保存卷积处理,如图8.11。结果如图 8.12。

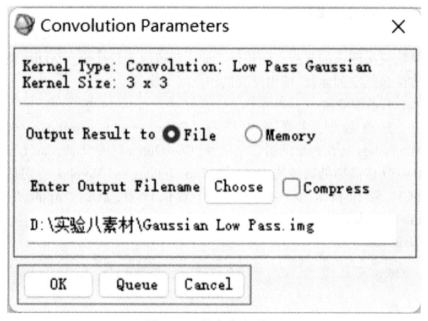

图 8.11 保存卷积处理

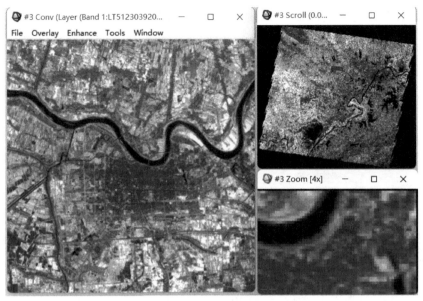

图8.12　高斯低通滤波结果

通过不同的卷积模板可以实现不同的增强,如平滑、锐化等。卷积模板包括高通滤波、低通滤波、中值滤波、索伯尔(Sobel)算子和罗伯特(Roberts)算子等。

2.自适应滤波——以增强Lee滤波为例

加载TM影像,在主菜单中选择"Filter"—"Adaptive"—"Enhanced Lee",在弹出的Enhanced Lee Filter Parameters的窗口中,设置"Filter Size(NxN)"为"3","Damping Factor"为"1.000",其他默认设置,如图8.13和图8.14。

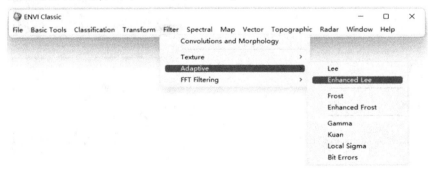

图8.13　选择增强Lee滤波

图 8.14　参数设置

　　点击"Choose",选择保存路径,点击"OK",执行自适应滤波。结果如图 8.15。

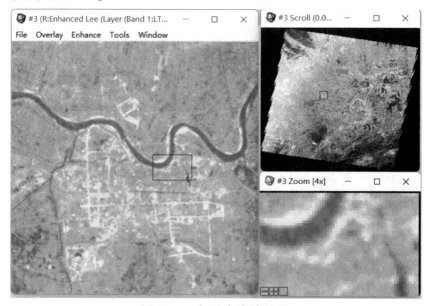

图 8.15　自适应滤波结果

六、思考题

参考以上步骤,选取 Roberts 和 Sobel 的卷积模板进行空间增强,并比较两者运算效果。

七、实验报告

1.详细记录本实验主要过程;

2.描述运用 ENVI 软件进行图像增强的方法和过程。

八、说明

1.遵守 GIS 实验室管理制度,下课要关电脑,座椅位置还原;

2.不要利用实验室网络浏览无关的网站,严禁打游戏。

实验九　遥感图像计算机解译

实验学时:5 学时
实验类型:综合
实验要求:必修

一、实验目的

理解监督分类与非监督分类的原理;掌握利用 ENVI 进行监督分类和非监督分类的操作流程。

二、实验内容

1.监督分类;

2.非监督分类;

3.分类精度评价。

三、实验要求

1.熟悉遥感图像监督分类与非监督分类的原理;

2.能够熟练掌握监督分类与非监督分类的方法与操作流程。

四、实验条件

1.GIS 实验室,每人 1 台电脑,宽带网连通;

2.ENVI 软件。

五、实验步骤

遥感图像分类是利用计算机对遥感图像各类地物的光谱信息和空间信息进行分析,并选择合适的分类特征,将图像中每个像元按照某种规则或算法进行分类,然后获得遥感图像与实际地物的对应信息。遥感图像分类有监督分类与非监督分类。

(一)监督分类

监督分类又称为训练分类法,用被确认类别的样本像元去识别未知像元的过程。在分类之前通过目视判读和野外调查,对遥感图像中某些样区影像地物的类别属性获取先验知识,对每一种类别选取一定数量训练样本,然后通过选择特征参数建立判决函数,最后通过判决函数对其他待分类数据进行分类,以此来完成对整个图像的分类。遥感图像中几种常见影像地物的类别属性见表9.1。

表 9.1　常见影像地物的类别属性

影像地物	类别属性
河流	呈现弯曲绵延状,有支流,假彩色中为青蓝色
湖泊	呈现闭合状,显示为蓝青色
建筑物	多分布在平原,且分布较为规则
植被	在真彩色中呈现绿色,在假彩色中呈现亮红色 (因为红波段对应绿色)
道路	线状分布,色调较亮
山脉	呈现山脉走向形状
裸地	呈现灰白色,一般远离河流、建筑物、植物的空旷地

监督分类操作流程:

具体操作流程见图9.1。

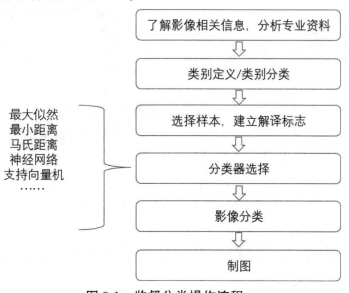

图 9.1　监督分类操作流程

1.定义训练样本

在 ENVI 软件中加载一张标准假彩色图像和一张真彩色图像（作为解译参考），如图 9.2。

（a）标准假彩色图像

（b）真彩色图像

图 9.2 标准假彩色及真彩色图像

在标准假彩色图像(Image)窗口中选择"Overlay"—"Region of Interest …",在弹出的窗口中选择"ROI_Type"—"Polygon"(默认绘制类型为多边形),如图9.3。

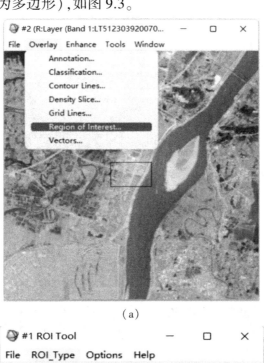

(a)

(b)

图9.3　选择对话框

在遥感影像中辨别各类影像地物并单击鼠标左键,开始绘制多边形,绘制结束后,双击鼠标左键或鼠标右键,即完成一个样本的选择。同样方法,在图像别的区域绘制其他样本,样本尽量均匀分布于图像上,完成解译标志,如图9.4。

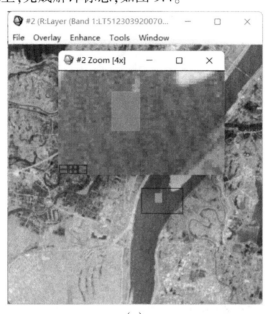

（a）

（b）

图9.4　选取定义训练样本

"ROI Name"和"Color"都是可以更改的;若要删除种类,点击"Delete ROI",如图 9.5。

(a)

(b)

图 9.5　删除处理

完成所有样本的选取,点击"File"—"Save ROIs …",如图 9.6。

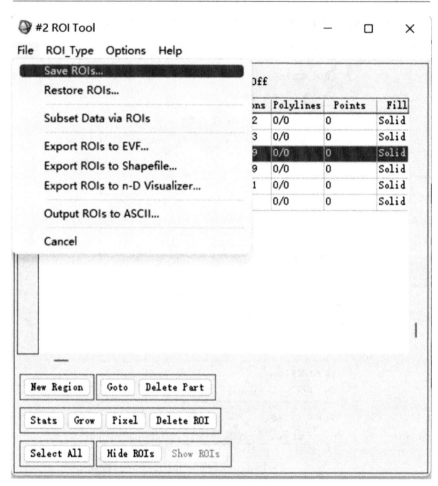

图 9.6　选取训练样本

在 Save ROIs to File 窗口中单击"Select All Items"选择所有要素,再单击"Choose"选择保存路径,最后点击"OK"即可保存 ROIs文件,如图 9.7。

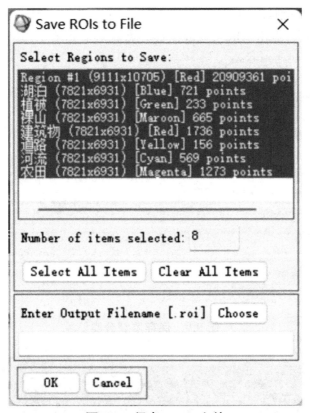

图9.7　保存ROIs文件

2.执行监督分类

主菜单中选择"Classification"—"Supervised"—"Maximum Likelihood",进行监督分类,选择要分类的影像,如图9.8。

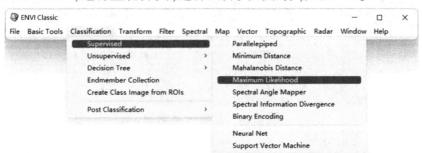

图9.8　监督分类

在弹出的 Maximum Likelihood Parameters 窗口中点击"Select

All Items",选择所有要素,如图9.9。勾选"File",点击"Choose",选择保存路径,点击"OK",完成监督分类。结果如图9.10。

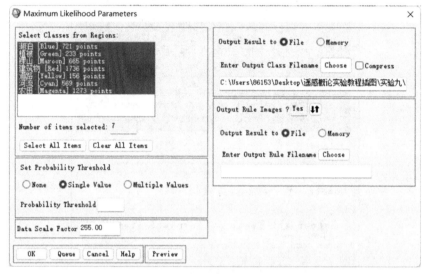

图9.9　保存监督分类

图9.10　监督分类结果

3.分类后处理

分类后,图像中会产生一些面积小的图斑,需要对这些小图斑进行合并或剔除。ENVI提供了多种处理方法:类别集群、类别筛选和类别合并,这里主要介绍类别集群和类别合并的方法。主菜单中选择"Classification"—"Post Classification"—"Clump Classes",如图9.11。

图 9.11　打开 Clump Classes 对话框

点击"Clump Classes"后会进入 Classification Input File 对话框,在"Select Input File"中选择需要进行分类后处理的图像,点击"OK",弹出 Clump Parameters 窗口,单击"Select All Items"选中所有要素,再点击"OK",完成类别集群处理,如图9.12。

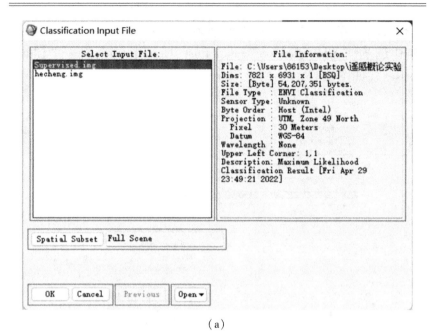

（a）

（b）

图 9.12　类别集群

主菜单中选择"Classification"—"Post　Classification"—"Combine Classes",如图 9.13。

图 9.13　打开类别合并对话框

在 Combine Classes Input File 对话框中选择需要进行类别合并的文件,点击"OK",进入 Combine Classes Parameters 对话框,在"Select Input Class"中选择要输入的类别,在"Select Output Class"中选择要输出的类别,再点击"OK",即可完成类别合并设置,如图 9.14。

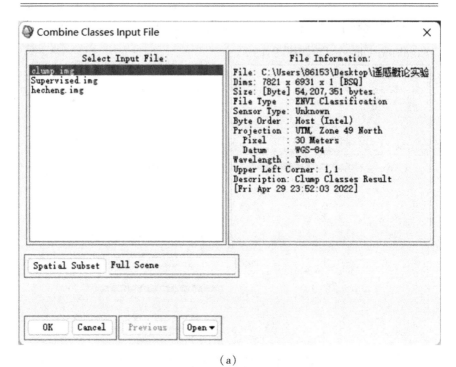

(a)

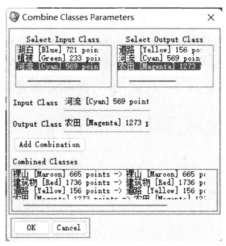

(b)

图 9.14 类别合并参数设置

设置好类别合并参数后会出现 Combine Classes Output 对话框,在对话框中将"Remove Empty Classes"设置为"Yes",单击

"Choose"选择输出路径,点击"OK",如图 9.15。类别合并结果如图 9.16。

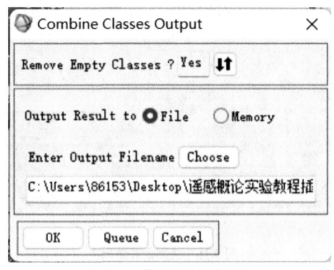

图 9.15　类别合并保存设置

(a)直接分类后图像

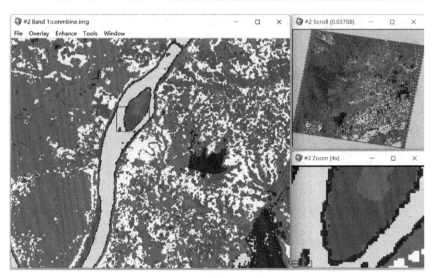

（b）分类合并后图像

图 9.16　类别合并结果

4.分类结果评价—混淆矩阵（精度评价）

主菜单中选择"Classification"—"Post Classification"—"Confusion Matrix"—"Using Ground Truth ROIs"，如图 9.17。

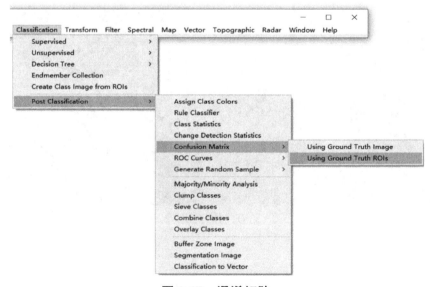

图 9.17　混淆矩阵

得到混淆矩阵评价报表，如图 9.18。可以得到总体分类精度（Overall Accuracy）、Kappa 系数（Kappa Coefficient）。

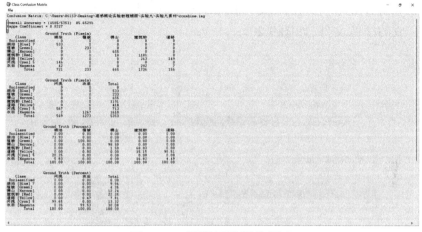

图 9.18　混淆矩阵评价报表

(二) 非监督分类

非监督分类也称为聚类分析或点群分类。它不必对影像地物获取先验知识，仅依靠影像上不同类地物光谱（或纹理）信息进行特征提取，再统计特征的差异来达到分类的目的，最后对已分出的各个类别的实际属性进行确认。非监督分类的具体操作流程如图 9.19。

非监督分类操作流程：

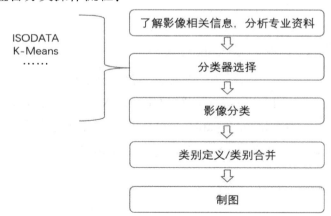

图 9.19　非监督分类操作流程

1.执行非监督分类——以 IsoData 为例

加载波段合成后的图像,主菜单中选择"Classification"—"Unsupervised"—"IsoData",在 Classification Input File 窗口选中需合成的图像文件,如图 9.20。

图 9.20　选择非监督分类文件

在 ISODATA Parameters 窗口中,将"Number of Classes"设置为"5—15","Maximum Iterations"设置为"10",其他为默认设置,点击"Choose"选择保存路径,点击"OK",如图 9.21。

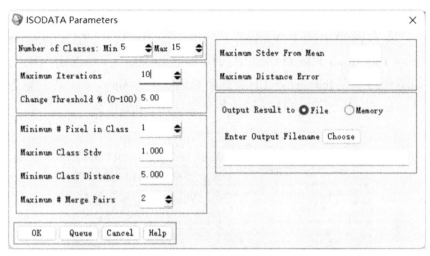

图 9.21　参数设置

分类总数(Number of Classes)，一般最小值为最终分类数，最大值为最小值的 2~3 倍。

迭代限(Maximum Iterations)，一般迭代次数越大，结果越精确，但运算时间也越久。

ISODATA 非监督分类结果，如图 9.22。

图 9.22　非监督分类结果

2.定义类别

点击影像中的"Overlay"—"Classification ..."，在 Interactive Class Tool Input File 对话框中选择 IsoData.img 文件，点击"OK"，如图9.23。在 Interactive Class Tool 对话框中，"Active Class"设置为"Unclassified"，同时可选择显示各分类结果，如图9.24。

（a）

（b）

图9.23　定义分类

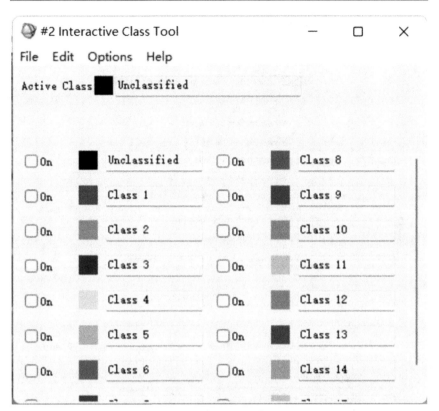

图 9.24　选择各分类结果

在 Interactive Class Tool 对话框中选择"Options"—"Edit class colors/names …",通过目视区别分类结果,填写相应名称和颜色,如图 9.25。

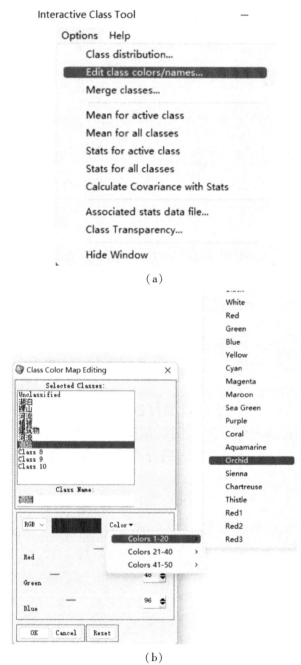

（a）

（b）

图 9.25　目视分类结果

完成对每个类别的名称与颜色填写,在 Interactive Class Tool 对话框中选择"File"—"Save Changes to File …",保存分类结果,如图 9.26。

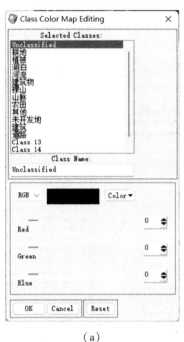

(a)

(b)

图 9.26　分类结果及保存

3.合并类别

主菜单中选择"Classification"—"Post Classification"—"Combine Classes"。把同类别合并为一类,点击"OK"后,可以选择输出文件,操作过程如图9.27(图9.27(a)为过程操作截图,与图9.13相同)。

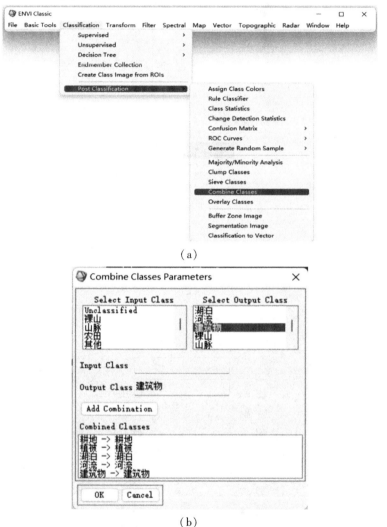

（a）

（b）

图9.27　合并分类过程

合并分类结果如图9.28。

图 9.28 合并分类结果

4.分类结果评价

分类后精度检验可以参考监督分类。

监督分类中的样本选择和分类器的选择比较关键,而非监督分类的关键是类别定义,这个过程需要数据支持,甚至需要野外调查。

六、思考题

1.参考以上步骤,选择最小距离法进行监督分类,比较其分类结果与最大似然法分类结果的异同,思考如何提高监督分类的准确性;

2.参考以上步骤,选择 K-Means 分类器进行非监督分类,比较其分类结果与 ISODATA 非监督分类结果的异同。

七、实验报告

1.详细记录本实验主要过程;

2.描述运用 ENVI 软件进行监督分类与非监督分类的方法和过程。

八、说明

1.遵守 GIS 实验室管理制度,下课要关电脑,座椅位置还原;

2.不要利用实验室网络浏览无关的网站,严禁打游戏。

实验十　遥感图像目视解译与制图

实验学时:5 学时

实验类型:综合

实验要求:必修

一、实验目的

1.掌握遥感图像目视解译的基本原理与方法;能够按判读解译所给的卫星影像,区分各个地物类型,并理解判读标志的含义;

2.能够使用 ENVI、ArcGIS 软件对遥感图片进行目视解译,并制成专题图。

二、实验内容

1.独立下载卫星影像图和航拍影像图;

2.利用 ENVI 软件进行目视解译;

3.通过 ArcGIS 软件制作专题图。

三、实验要求

能够自己独立下载遥感影像图,然后进行目视解译并制成地图。

四、实验条件

1.GIS 实验室,每人 1 台电脑,宽带网连通;

2.ENVI、ArcGIS 等软件。

五、实验步骤

遥感影像目视解译是人们利用丰富的专业知识,通过肉眼观察、经过综合分析、逻辑推理、验证检查把目标地物的信息提取和解析出来的过程,是人们通过遥感技术获得目标信息的最直接、最基本的方法。

（一）目视解译方法

1.直接解译法

色调或颜色:指影像相对明暗程度,其中黑白影像的色调是地物波谱特征的直接记录,彩色合成图像是地物在几个波段上的波谱特征的综合反映。利用影像上的色调和色彩进行地物识别,是卫星图像判读的重要依据,各波段的光谱效应决定了各波段的主要应用目的和领域。例如 TM 各波段光谱效应如表 10.1,TM 图像各波段在不同地物上的光谱效应如表 10.2 所示。

表 10.1　TM 波段光谱学效应及应用

波段序号	波　段	光谱效应及应用
1	蓝色	对水体有投射能力,能够反映浅水水体下特征,可区分土壤和植被,区分人造地物类型。
2	绿色	可探测植被绿色反射率,可区分植被类型和评估作物长势,区分人造地物类型,对水体有一定透射能力。
3	红色	可测量植被绿色素吸收率,进行植被分类,可区分人造地物类型。
4	近红外	可测定生物量和作物长势,区分植被类型,绘制水体边界,探测水中生物的含量和土壤湿度。
5	短波红外	可用于探测植被含水量及土壤湿度,区别云和雪。
6	热红外	探测地球表面地物自身热辐射的主要波段,可用于热分布制图,岩石识别和地质探矿等方面。
7	短波红外	可用于探测高温辐射源,如监控森林火灾、火山活动等,区分人造地物类型。

表 10.2　TM 图像各波段在不同地物上的光谱效应

地物类型	TM1	TM2	TM3	TM4	TM5	TM6	TM7
水体	亮	较亮	暗	很暗	很暗	暗	很暗
泥沙	较亮	较亮	亮	暗	很暗	暗	很暗
植被	很暗	暗	很暗	亮	较亮	较亮	暗

形状:指目标地物的外形、轮廓。

位置:地物存在的地点和所处的环境,各种地物都有特定环境,因而它是判读地物属性的重要标志。

大小:地物尺寸、面积、体积在图上的显示。

纹理:影像上以一定频率重复出现而产生的影像细部结构。

阴影:指因倾斜照射地物时因自身遮挡能源而产生影像上的暗色调。

图案:目标地物有规律的组合排列形成的图案。

布局:物体间的空间配置。

2.对比法

对比法是指将要解译的遥感图像,与另一已知的遥感图像样片进行对照,确定地物属性的方法。但对比法要求必须在相同或基本相同的条件下进行,例如,遥感图像种类应相同,成像条件、地区自然景观、季相、地质构造特点等应基本相同。

3.邻比法

邻比法是指在同一张遥感图像或相邻遥感图像上进行邻近比较,从而区分出不同地物的方法。这种方法通常只能将地物的不同类型界线区分出来,但不一定能鉴别地物的属性。利用邻比法时,要求遥感图像的色调或色彩保持正常。邻比法最好是在同一张图像范围内进行。

4.动态对比法

动态对比法是指对同一地区不同时相成像的遥感图像加以对比分析,从而了解地物与自然现象的变化情况的方法。这种方法对自然动态的研究尤为重要,如沙丘移动、泥石流活动、冰川进退,河道变迁、水库明岸、河岸冲刷等。

(二)操作步骤具体如图 10.1

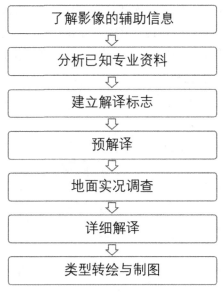

图 10.1　目视解译操作步骤

了解影像的辅助信息:即熟悉获取影像的平台、遥感器、成像方式、季节、包括的地区范围、影像的比例尺等。

分析已知专业资料:目视解译的最基本方法是从已知到未知,所谓的已知就是利用已有相关材料将这些地面实况材料与影像进行对应分析,以确定二者的关系。

建立解译标志:根据分类体系,在地图上选择典型又具有代表性的地物影像作为解译的像片标志。[步骤:在图像(Image)窗口中点击"Overlay"—"Region of Interest"—"ROI_Type"—"Polygon"(默认绘制类型为多边形,具体可参考实验9),在遥感影像中辨别各种类后点击鼠标左键,开始绘制多边形,绘制结束后,双击鼠标左键或点击鼠标右键,即完成一个样本的选择]。

预解译:根据解译标志对遥感影像进行解译,勾绘类型界线,标注地物类型,形成预解译图。

地面详细调查:在室内解译的过程中不可避免地存在错误或

者难以确定的类型,这就需要野外实地调查与验证。

修正错误,细化预解译图:根据实地校核,修正预解译图中的错误,以确定未知类型,再细化预解译图,形成正式的解译原图。

类型转绘与制图:将解译原图转绘到地理底图上,根据需要,可以根据图面进行整饰(比例尺、图名、图例),形成真实的专题地图。

(三)目视解译过程

河流的判读:呈现弯曲绵延状,有支流,模拟彩色(RGB:732)图像为蓝色,如图 10.2。

图 10.2　河流的判读

湖泊的判读:呈现闭合状,且湖泊与河流有连接,如图 10.3。

图 10.3　湖泊的判读

农田的判读:分布在河流周围且有一定的分布格局,彩色图像(RGB:432)为红色,如图 10.4。

图 10.4　农田的判读

山脉的判读:分布在远离城镇农田,有明显山脉的纹路,如图10.5。

图 10.5　山脉的判读

道路的判读:呈线状分布,相比于河流,线状形状细且短,如图10.6。

图 10.6　道路的判读

建筑物的判读:城镇由钢筋混凝土组成,发射率较高,影像上显示较亮,且城市的布局比较规则,多分布于河流平原之地,如图10.7。

图 10.7　建筑物的判读

植被的判读:在真彩色中呈现绿色,在假彩色中呈现亮红色,分布也相对密集,呈片面分布,如图10.8。

图 10.8　植被的判读

根据目视解译结果可以总结出如下内容,如表 10.4。

表 10.4 Landsat TM 波段合成总结说明

波段组合	类 型	特 点
3、2、1	真彩色	用于各种地物识别。图像平淡、色调暗灰、彩色不饱和、信息量相对减少。
4、3、2	标准假彩色	地物图像丰富、鲜明、层次好,用于植被分类、水体识别,植被显示为红色。
7、4、3	模拟真彩色	用于建筑物、水体识别。
7、5、4	非标准假彩色	彩色偏蓝色,用于特殊的地质构造调查。
5、4、1	非标准假彩色	植被类型较丰富,用于研究植被分类。
4、5、3	非标准假彩色	主要用于水体判读,对其他地物的清晰度不够。
3、4、5	非标准接近真彩色	对水系、居民点以及街道和公园水体、林地的图像判读较为有利。

归纳出不同目标地物及其相应目视解译标志,如表 10.5。

表 10.5 不同目标地物及其相应目视解译标志

地物类型	遥感目视解译标志	备 注
水田	颜色、纹理、形状	颜色:浅灰褐色;纹理:排列整齐、块状;形状:方形
旱地	颜色、纹理、形状	颜色:土黄色;纹理:排列整齐;形状:方形
林地	颜色、图型、相关布局	颜色:绿色;图型:连绵状;相关布局:条带状
工业用地	颜色、大小、形状	形状:建筑物;大小:厂房;颜色:灰白色
城市用地	空间位置、纹理、形状	形状:建筑物;纹理:排列整齐;空间位置:中心、交通线旁
村庄	空间位置、纹理、形状	形状:建筑物;纹理:分散;空间位置:郊区
交通线	图型、纹理、形状	形状:曲线形;纹理:条状;图型:道路

(四)解译顺序

根据卫星影像与航片、图像与地形图、专业图与文字材料相结合的原则,可以使判读过程获取更多已知条件,增加更多影像信息,进一步揭示未知的影像。

根据室内判读与野外实地对照相结合的原则来建立解译标志,使图像解译的质量进一步提高。

(1)先易后难、循序渐进;

(2)由宏观到微观,由浅入深;

(3)由已知到未知,从比较了解的地物向陌生的地物推进;

(4)先解译图像清晰的部分,后解译图像模糊的部分;

(5)先山地后平原;

(6)先解译线性构造,再解译片状构造。

(五)解译原则

(1)总体观察;

(2)综合分析;

(3)对比分析;

(4)观察方法正确;

(5)尊重影像客观实际;

(6)解译图像耐心认真;

(7)有价值的地方重点分析。

六、思考题

参考以上步骤,独立下载遥感影像并进行遥感图像目视解译与制图。

七、实验报告

1.详细记录本实验主要过程;

2.描述运用 ENVI、ArcGIS 软件进行遥感目视解译,并制成地图的方法和过程。

八、说明

1.遵守 GIS 实验室管理制度,下课要关电脑,座椅位置还原;

2.不要利用实验室网络浏览无关的网站,严禁打游戏。

参考文献

［1］彭望琭. 遥感概论［M］. 2 版. 北京：高等教育出版社，2021.

［2］梅安新，等. 遥感导论［M］. 北京：高等教育出版社，2001.

［3］刘慧平，等. 遥感实习教程［M］. 北京：高等教育出版社，2001.